土木工程科技创新与发展研究前沿丛书

国家自然科学基金面上项目（No.51878551）资助

玄武岩纤维加筋黄土力学行为研究

许　健　武智鹏　著

U0157586

中国建筑工业出版社

图书在版编目（CIP）数据

玄武岩纤维加筋黄土力学行为研究／许健，武智鹏
著. — 北京：中国建筑工业出版社，2023.6（2023.11重印）
（土木工程科技创新与发展研究前沿丛书）
ISBN 978-7-112-28647-8

Ⅰ. ①玄… Ⅱ. ①许… ②武… Ⅲ. ①玄武岩-加筋
土-黄土-岩土力学-研究 Ⅳ. ①TU444

中国国家版本馆 CIP 数据核字（2023）第 069408 号

　　本书通过系统总结国内外关于纤维加筋土力学行为，纤维加筋土变形特性及
冻融干湿耐久性，土体数字图像相关法研究及微细观结构规律的研究成果，围绕
玄武岩纤维加筋改良黄土及干湿作用下加筋黄土强度劣化发生机理问题，依托国
家自然科学基金面上项目的资助开展了以下内容的研究：玄武岩纤维加筋黄土单
轴压缩力学行为研究，玄武岩纤维加筋黄土单轴拉伸力学行为研究，玄武岩纤维
加筋黄土三轴剪切力学行为研究，以及干湿循环作用下玄武岩纤维加筋黄土三轴
剪切力学行为研究。

　　本书可作为水利、土建、岩土、地质等专业的教师、研究生阅读用书，同时
还可作为对黄土地区工程和黄土力学有兴趣的研究生、科研人员和工程技术人员
的参考用书。

责任编辑：赵云波
责任校对：孙　莹

土木工程科技创新与发展研究前沿丛书
玄武岩纤维加筋黄土力学
行为研究
许　健　武智鹏　著

*

中国建筑工业出版社出版、发行（北京海淀三里河路 9 号）
各地新华书店、建筑书店经销
北京鸿文瀚海文化传媒有限公司制版
建工社（河北）印刷有限公司印刷

*

开本：787 毫米×1092 毫米　1/16　印张：12　字数：298 千字
2023 年 6 月第一版　　2023 年 11 月第二次印刷
定价：**49.00** 元
ISBN 978-7-112-28647-8
（41012）

前　言

　　黄土是一种分布在干旱、半干旱地区的第四纪沉积物，根据其形成原因可以将黄土分为原生黄土和次生黄土，根据形成年代不同，可将黄土分为午城黄土（Q_1）、离石黄土（Q_2）、马兰黄土（Q_3）和新近堆积黄土。地球上的黄土及黄土状土面积大约为 1300 万 km^2，约占陆地总面积的 9.3%。黄土广泛地分布在我国中西部黄土高原地区，占中国黄土分布总面积的 70% 以上。西起贺兰山，东至太行山，北接长城，南抵秦岭分布着大约 64 万 km^2 的黄土，占国土面积的 6.3%，尤其是西北地区，该地区黄土分布广泛，地层保存完整，是世界著名的黄土研究区域。

　　西北地区干旱的环境使黄土具有欠压密、大孔隙、垂直节理发育等特殊性质，这些特点造成黄土的工程特性相对较弱。随着西部地区基础建设进一步扩大，高速公路和高速铁路的建设量逐步增加，在这些工程中难免遇到大量的边坡加固和路基巩固问题，故黄土的研究主要围绕着如何提高强度和稳定性进行。针对黄土的改良方法主要有换填、压实、强夯、采用化学添加剂或添加纤维等手段。换填、强夯以及化学添加剂等改良方法可以显著提高土体物理力学性能，并且可以大幅度减小土体渗透系数。但有学者研究发现以上改良方法同时会导致改良土的脆性性能增强，改良后土体在破坏时强度衰减速率加大，裂缝快速发展，导致结构体在很短时间内发生破坏，降低了灾害预防和防治的概率。加筋土是将天然纤维或合成纤维与土体均匀地混合在一起形成的结构物，纤维在土体中构建出空间三维网状结构，可以增强土颗粒之间的有效约束，提高土体的整体性，因此加筋后土体的粘聚力和抗剪强度增大，抗冲击性能也会得到很好的改善。随着化纤工业的发展，高性能人造纤维材料在工程中的应用越来越广泛，关于加筋土的研究也日趋成熟。因此，研究纤维加筋黄土的力学、变形特性对黄土地区工程建设具有重要意义。

　　此外，黄土干燥状态时强度高，但其具有独特的水理性质，在经历流水浸湿后，土体内部因水流动冲击土颗粒结构，致其结构遭到破坏，会进一步造成上部建筑结构出现不均匀变形、倾覆、崩坏等病害。我国黄土高原地区是半湿润区与半干旱区的过渡带，降水变率大、地表蒸发能力强，黄土是典型的非饱和土。每当气温和降水发生变化时，黄土会受到频繁的干湿循环作用，其土体内部结构会受到一定破坏，从而引发土体的强度与变形出现劣化，进而会对工程结构造成极大威胁，影响人类工程的稳定发展和安全使用。因此，受地理气候条件影响，纤维加筋黄土在实际工程使用过程中会受到雨水侵蚀，并无法避免地经历频繁的干湿循环作用。然而，目前纤维加筋土在干湿循环作用下的力学特性多聚焦在膨胀土上，对黄土鲜有研究。考虑黄土地区的工程实际情况，研究干湿循环作用对纤维加筋黄土力学特性的影响很有必要，研究成果可为后人的研究及工程建设提供参考，具有重要的意义。

　　基于此，本书主要基于作者对纤维加筋改良黄土特性及干湿作用对其劣化影响的研究成果，试图以更开阔和全面的视角向读者展示玄武岩纤维加筋黄土力学、变形及耐久性问题所涉及的研究领域、研究方法和研究热点，希望能为广大科技人员和研究生提供一个学习和研究纤维加筋改良黄土强度、变形及耐久性问题的基本思路、方法、框架和基础研究资料。由于作者时间、精力、能力及篇幅的限制，疏漏之处敬请读者谅解。

本书的主要内容如下：第1章主要介绍了与纤维加筋土力学、变形及耐久性、土体数字图像研究及微细观问题已有相关研究成果发展动态。目的是通过这一章的学习，对纤维加筋土力学行为，纤维加筋土变形特性及冻融干湿耐久性，土体数字图像相关法研究及微细观结构规律等相关问题的研究现状有一个全面系统认识。

第2章主要针对纤维加筋黄土单轴压缩力学行为进行了测试和分析，构建了纤维加筋土的扰动状态概念本构模型，并对加筋土单轴压缩试验进行了数值模拟。

第3章主要针对纤维加筋黄土单轴拉伸力学行为进行了测试和分析，建立了基于压缩的抗拉强度预测模型。

第4章主要对不同纤维加筋条件下加筋黄土三轴剪切、数字图像、扫描电镜结果进行了全面分析，从微观和宏观结合的角度对纤维加筋黄土加筋及变形机理进行了阐释。

第5章主要对干湿循环作用下纤维加筋黄土三轴剪切、数字图像、扫描电镜和CT扫描试验结果进行了全面分析，从微细观和宏观结合的角度对纤维加筋黄土的强度劣化机理进行了阐释。

第6章，对本书的研究成果进行了全面总结并对后续研究工作进行了展望。

本书由许健和武智鹏共同执笔撰写。其中，第1、3、4、5、6章由许健执笔；第2章及参考文献由武智鹏执笔；最后由许健完成审定、修改和定稿。

2023 年 5 月

目　录

第1章 绪论

1.1 选题背景及研究意义

黄土是一种分布在干旱、半干旱地区的第四纪沉积物，根据其形成原因可以将黄土分为原生黄土和次生黄土，根据形成年代不同可将黄土分为午城黄土（Q_1）、离石黄土（Q_2）、马兰黄土（Q_3）和新近堆积黄土。地球上的黄土及黄土状土面积大约为1300万km^2，约占陆地总面积的9.3%。黄土广泛的分布在我国中西部黄土高原地区，占中国黄土分布总面积的70%以上。西起贺兰山，东至太行山，北接长城，南抵秦岭分布着大约64万km^2的黄土，占我国国土面积的6.3%，尤其是西北地区，该地区黄土分布广泛，地层保存完整，是世界著名的黄土研究区域。

西北地区干旱的环境使黄土具有欠压密、大孔隙、垂直节理发育等特殊性质，这些特点造成黄土的工程特性相对较弱。随着西部地区基础建设进一步扩大，高速公路和高速铁路的建设量逐步增加，在这些工程中难免遇到大量的边坡加固和路基巩固问题，故黄土的研究主要围绕着如何提高强度和稳定性。针对黄土的改良方法主要有换填、压实、强夯、采用化学添加剂或添加纤维等手段。换填、强夯以及化学添加剂等改良方法可以显著提高土体物理力学性能，并且可以大幅度减小土体渗透系数。但有学者研究发现以上改良方法同时会导致改良土的脆性性能增强，改良后土体在破坏时强度衰减速率加大，裂缝快速发展，导致结构体在很短时间内发生破坏，降低了灾害预防和防治的概率。加筋土是将天然纤维或合成纤维与土体均匀地混合在一起形成的结构物，纤维在土体中构建出空间三维网状结构，可以增强土颗粒之间的有效约束，提高土体的整体性，因此加筋后土体的粘聚力和抗剪强度增大，抗冲击性能也会得到很好的改善。随着化纤工业的发展，高性能人造纤维材料在工程中的应用越来越广泛，关于加筋土的研究也日趋成熟。前人从纤维的含量、长度以及纤维种类等方面出发，探讨了纤维加筋土的改良效果，得出纤维加筋能显著提高土体的力学特性，并在一定程度上提高土体的塑性和韧性。因此，研究纤维加筋黄土的力学、变形特性对黄土地区工程建设具有重要意义。

此外，黄土干燥状态时强度高，但其具有独特的水理性质，在经历流水浸湿后，土体内部因水流动冲击土颗粒结构，致其结构遭到破坏，会进一步造成上部建筑结构出现不均匀变形、倾覆、崩坏等病害。我国黄土高原地区是半湿润区与半干旱区的过渡带，降水变率大、地表蒸发能力强，黄土是典型的非饱和土。每当气温和降水发生变化时，黄土会受到频繁的干湿循环作用，其土体内部结构会受到一定破坏，从而引发土体的强度与变形出现劣化，进而会对工程结构造成极大威胁，影响人类工程的稳定发展和安全使用。因此，受地理气候条件影响，纤维加筋黄土在实际工程使用过程中会受到雨水侵蚀，并无法避免地经历频繁的干湿循环作用。然而，目前纤维加筋土在干湿循环作用下的力学特性多聚焦在膨胀土上，对黄土鲜有研究。考虑到黄土地区的工程实际情况，研究干湿循环作用对纤维加筋黄土力学特性的影响很有必要，研究成果可为后续研究及工程建设提供参考，具有重要的意义。

1.2　国内外研究现状

1.2.1　纤维加筋土强度特性试验研究

纤维加筋土是将天然纤维或合成纤维与土体均匀地混合在一起，利用纤维与土颗粒界面间的约束效应来提升土体工程特性的改良方法。纤维加筋土在受外力作用发生变形过程中，纤维在土体内部被拉伸产生拉应力，拉应力通过土筋界面摩阻力和咬合效应传递给土体，消耗一部分剪应力，有效阻碍裂缝的产生与发展，从而间接提高了土体的抗剪强度。

针对纤维加筋提高土体强度、改良其力学特性的问题，国内外研究学者开展了大量试验研究，已取得了丰硕的成果。国外关于纤维加筋土的研究较早，在 20 世纪 60 年代，历史上第一个加筋土建筑物由法国工程师 Henri Vidal 设计并建造。从此之后加筋土技术作为一种经济且有效的土体改良技术受到工程界和科学界的广泛关注，因此对加筋土的研究也迅速增加。但直到 20 世纪 70 年代，以法国道桥中心和瑞士 Battle 学院为代表的机构才正式开展关于加筋土的理论研究。Gray 和 Ohashi 通过对天然纤维、合成纤维和金属丝等不同纤维增强的干砂进行直剪试验发现，纤维可以有效提高土体的峰值抗剪强度，且对峰后抗剪强度降低有抑制作用，并通过纤维增强模型预测了土体参数的影响。Masher 和 Woods 通过开展室内共振柱和扭转剪切试验，测定了随机分散纤维对剪切模量和阻尼的动力响应。利用剪切应变幅值、围应力、预应变、循环次数、纤维含量、长径比和模量指标函数评估了纤维添加的影响。Yetimoglu 和 Salbas 通过开展离散纤维增强砂的直剪试验发现，纤维对其峰值抗剪强度和初始刚度影响较小，但是可有效降低土体脆性和峰后强度损失，提高残余抗剪强度。Heineck 等通过弯曲元、环剪和标准三轴试验，研究了大剪切应变下聚丙烯纤维对三种不同土体（粉质砂、均质砂、底灰）的补强效果。结果表明：纤维能够显著影响土体的极限强度，在非常大的水平位移下抗剪强度不会出现损失。而且在非常小的应变下，聚丙烯纤维的引入不影响材料的初始刚度。Tran 等通过开展压缩和劈裂张拉试验研究了玉米丝纤维含量、水泥含量及固化时间对改良土力学性能的影响，基于试验结果对固化时间、纤维含量和水泥含量等参数进行多元非线性回归分析，拟合得到了多因素影响下的破坏强度预测模型。Diab 等通过三轴试验评估了冲击和揉捏两种压实方法对天然纤维加筋黏土不排水强度的影响。结果表明，纤维增强黏土不排水强度的提高百分比高度依赖于压实方法，使用冲击压实制备的试件比通过揉捏制备的相同试件获得的改善可达 3 倍，并认为这种差异是由冲击和揉捏压实的试样之间纤维走向分布不同造成的。

Santoni 等通过室内试验量化并确定了纤维加筋砂用作道路建设时各变量对其性能的影响。Park 和 Tan 通过在砂质粉土中掺入短纤维来研究纤维对加固墙体性能的影响，采用有限元方法研究了加筋短纤维对加筋墙体的影响，分析了加筋墙面的竖向和水平土压力、位移和沉降，并将有限元分析结果与两次全尺寸试验的测量结果进行了比较。结果表明，使用短纤维加筋土增加了墙体的稳定性，降低了土压力和墙体位移。当短纤维土与土工格栅结合使用时，这种效果更为显著。Rabab'ah 等探讨了玻璃纤维作为离散随机加筋材料在膨胀土路基中的应用。利用机械-经验路面设计指南（MEPDG）评估了纤维掺入对柔性路面设计和性能的影响。MEPDG 分析表明，玻璃纤维可以作为一种较好的路面路基加固层，在路基稳定中加入玻璃纤维可显著降低路面厚度。Hejazi 等通过检索已有的研究成果综述分析了不同类型天然和合成纤维加筋土研究的历史、优点、应用以及可能存在的问题。

20 世纪 70 年代与 80 年代交接之际，加筋土技术被引入我国。到现在经过几十年的发展和完善，我国在加筋土加筋机制、加筋手段、施工方法、材料研发、理论计算以及工程实践等领域均取得了丰硕的研究成果。虽然国内关于纤维加筋土的研究较晚，但由于纤维加筋改良土体具有加固效果好、成本低、环境友好等特点，短时间内得到了大量研究者的关注。李广信等指出纤维加筋能显著提高黏性土的抗剪强度，增加其在拉应力作用下的塑性和韧性，纤维加筋黏性土在受拉时表现为裂而不断的特性，且在分析剪切强度参数后发现纤维加筋主要是增加了土体的粘聚力，而对土体的内摩擦角明显影响。介玉新等通过离心模型试验对比分析了素黄土和纤维加筋土边坡的变形和破坏情况，并对加筋土边坡的稳定性进行了计算分析。张小江等通过开展动力特性试验，指出纤维加筋土的静动力抗张拉、抗断裂性质，与素土相比都有很大的提高，纤维加筋黏性土是一种比较理想的土坝防渗抗震填料。唐朝生等通过无侧限抗压试验研究了聚丙烯纤维改良软土的加筋效果和机制，指出纤维添加改善了石灰土、水泥土的脆性破坏形式和水稳性。Ma 等借助试验室三轴试验研究了亚麻纤维含量及围压对黏土力学特性的影响。结果表明，亚麻纤维可以明显地提高纯黏土的抗剪强度。加筋黏土的粘聚力和内摩擦角均比纯黏土要大，其中内摩擦角受纤维影响较小，而粘聚力随纤维变化增幅较大。但抗剪强度并不是随着纤维掺量一直增加，试验黏土最佳纤维掺量为 0.8%，之后剪切强度随着纤维含量增加反而降低。

施利国等利用聚丙烯纤维来改良灰土，并开展三轴剪切试验分析纤维含量对灰土应力-应变特性的影响研究。张丹等开展了玄武岩纤维加筋膨胀土的干缩特性试验，并基于光纤光栅传感技术分析了纤维对膨胀土干缩特性的影响，发现添加玄武岩纤维可以显著抑制膨胀土干缩裂隙的产生和发育。王宏胜等在不同固结压力下对纤维加筋污泥进行了一系列剪切试验，分析了纤维掺量对固结后污泥含水率、干密度及剪切强度的影响。张艳美等对纤维加筋土的加筋机理进行了理论分析，指出加筋土粘聚力的增量与纤维的韧度、细度及加筋土的配合比等参数有关，并考虑纤维材料各参数对纤维土补强特性的影响，对已有的补强公式进行了修正。最后将直壁高度法推广到纤维土挡墙的设计中，并应用所提公式对纤维土挡墙进行了内部稳定分析。随着纤维加筋技术的日趋成熟，近些年一些学者尝试将其与微生物固化方法相结合来进一步改良土体的力学和变形特性。谢约翰等将石英砂和不同含量的聚丙烯纤维均匀混合，然后基于微生物诱导碳酸钙沉积（MICP）技术对土样进行固化，指出纤维加筋技术与 MICP 技术相结合既可以提高土体的强度，又能降低 MICP 技术固化后土体的脆性，实现很好的优势互补。郑俊杰等通过结合微生物固化和纤维加筋技术探讨了胶结次数、纤维含量、纤维长度以及试样初始相对密实度等参数对微生物固化纤维加筋砂土剪切特性的影响，并利用扫描电镜对其加固机理进行了探究。

在纤维加筋黄土研究方面，Lian 等研究了纤维含量和纤维长度对黄土三轴剪切力学行为的影响，指出纤维添加可以提高其抗剪强度和粘聚力，内摩擦角变化不明显。纤维含量

0.75%时粘聚力增加明显，超过0.75%后纤维会导致混合物均匀性降低，粘聚力也降低。18mm纤维试样的粘聚力大于9mm纤维试样。Xue等开展了秸秆纤维加筋黄土的大规模应力控制直剪试验，揭示了秸秆纤维加筋黄土抗剪性能的形成机理，指出加筋黄土相关的应变硬化行为可以通过剪胀角或大位移摩擦角和峰值摩擦角之间的摩擦角差来体现。杜伟飞等通过无侧限抗压试验和直剪试验研究了聚丙烯纤维加筋黄土的效果和机理，发现加入聚丙烯纤维可以增强黄土的抗压、抗剪强度，且可以提高土体的峰值应力和残余强度，降低破坏后的应力衰减速度，有效抑制破坏裂缝的贯通发育。刘羽健等通过无侧限劈裂抗拉强度试验及微观形貌试验，探究了水泥、固化剂，以及多种纤维复合固化黄土的抗拉强度特性及其加筋机理。王天等探究了纤维添加对水泥固化黄土浸水强度的影响，得出纤维可以提高水泥固化黄土的浸水抗压强度和浸水劈裂抗拉强度。褚峰等通过多种试验方法研究了人工合成类废布料纤维纱对黄土力学变形性质及抗溅蚀特性、动力变形动强度及震陷特性以及一维蠕变特性的影响。卢浩等研究了纤维含量、纤维长度及含水率对加筋黄土抗剪强度和抗崩解特性的影响，并基于加筋黄土的最佳配合比开展了现场坡面防护试验。结果表明，在综合考虑抗剪强度和崩解特性后确定聚丙烯纤维加筋黄土的最佳纤维含量为0.3%，最佳纤维长度为15mm。随着含水率的增加，聚丙烯纤维加筋黄土的粘聚力、内摩擦角和崩解速率均呈现减小趋势。现场测得聚丙烯纤维加筋黄土防护坡面平均侵蚀深度约为3mm，聚丙烯纤维加筋黄土的坡面防护效果明显。安宁等通过室内试验研究了纤维长度和纤维掺量对加筋黄土抗剪强度、抗崩解性和渗透系数的影响规律，并基于试验获得的加筋黄土最佳配合比，开展降雨冲刷模型试验，探讨了聚丙烯纤维加筋黄土的抗侵蚀性能及坡面防护效果。

1.2.2 纤维加筋土变形特性试验研究

纤维加筋可以显著提高土体的塑性和延性特性，改变其变形破坏特征。相比纤维加筋土体强度特性的研究，目前关于纤维加筋土变形特性的研究成果相对较少。Tang等通过加载后的破坏照片对不同纤维含量加筋土的破坏模式进行了比较，指出纤维添加后土体由脆性破坏向塑性破坏转变，并观察得出纤维加筋土破坏时纤维的桥连作用会显著抑制张拉裂纹的发展。Freilich等通过三轴试验对比分析未加筋土与纤维加筋土变形破坏模式的照片，发现未加筋土为剪切面破坏，纤维加筋土为鼓胀破坏，纤维加筋提高了土体的延性。Olgun研究了纤维加筋改良水泥-粉煤灰固化土的变形特性，发现纤维加筋试件在开始形成拉伸裂缝时，纤维在裂缝开口之间起桥梁作用，从而阻止裂缝的扩展，试件出现了更窄、更短的裂缝，并表现出现塑性破坏特征，纤维长度较长时塑性破坏更加明显。相比之下，未添加纤维的试件其拉伸裂纹又宽又长，拉伸裂纹从试件顶部延伸至试件底部，表现出脆性破坏。Patel和Singh通过比较加载后试样的破坏照片发现纤维添加改变了黏土的破坏模式。随着纤维增加试样由单一剪切面的脆性破坏模式逐渐转变为具有细小裂纹网络的塑性鼓胀破坏模式。Cristelo等研究发现纤维的加入使土体在相同的应力作用百分比下保持更高的变形水平。未纤维加筋试件沿平整表面破坏，而纤维加筋试件能够继续进行加载，直到在压缩下达到超额变形。此外，纤维含量对应变发展的影响也很明显，纤维含量增加对较韧性材料的影响比对较脆性材料的影响更明显。指出当材料的胶结水平降低时，纤维增加对土体变形效应增强。Al Hattamleh等通过无侧限压缩试验和间接拉伸试验研究纤维添加对加筋土破坏模式的影响，指出纤维含量和含水率变化对拉伸试样破坏模式无显著影响，均为劈裂破坏，但对压缩试样的破坏模式均有显著影响，随着纤维含量和含水率增加其压缩破坏模式由脆性破坏向塑性破坏发生转变，在纤维含量和含水率中值时试样为剪切和鼓胀结合破坏形式。Lian 等通过比较三轴剪切后试样的宏观形态指出选择合适的纤维含量、纤维长度可能会提高土体的抗开裂能力。吴继玲研究指出纤维长度越长、含量越高，其对膨胀土的膨胀变形抑制效果越好，表现在膨胀率与膨胀内力的降低。张丹等通过添加玄武岩纤维来改良膨胀土的干缩变形特性，指出纤维加筋后膨胀土的收缩系数显著下降，收缩过程中土体内部应变分布不均匀的状态得到较大改善，纤维对膨胀土裂隙的产生具有显著的抑制效果。吕超等通过无侧限压缩试验发现随着纤维含量的增加，试样由脆性破坏逐渐表现为韧性破坏特征，指出纤维在土体中显著增加了土体间的连接力，且纤维相互交叉连接形成了空间网状结构，限制了土体的变形，使得加筋土抗压强度增加并表现出韧性破坏特征。

国内外学者对纤维加筋土变形特性的研究取得了一些成果，但仍然存在一些不足之处。由于传统试验方法的局限性，加筋土的塑性及破坏模式往往只能通过破坏照片来进行定性分析，显然采用定量分析的方法来研究纤维加筋土的塑性变化，以此来分析其破坏模式和破坏机理对加筋土的工程应用，更具有实际意义。

基于此，项目组开展了玄武岩纤维加筋黄土的数字图像相关试验，研究单轴压缩、单轴拉伸、三轴剪切条件下加筋黄土的破坏模式及表面变形特征；定量分析纤维含量、纤维长度及干湿循环次数对纤维加筋黄土塑性特性的影响，以期深入揭示纤维添加及干湿循环作用对黄土塑性和延性变化的影响机理，为解决黄土高原地区黄土崩塌、滑坡提供理论依据和参考。

1.2.3　纤维加筋土冻融干湿耐久性研究

目前，纤维加筋改良土体的力学特性和加筋机理研究已取得了不错的成果，近些年随着城市基础设施的不断完善，纤维加筋结构物的耐久性问题开始得到广泛关注。在纤维加筋土抗冻融方面，Zaimoglu 等研究了冻融循环对纤维加筋土质量及无侧限抗压强度的影响，发现相比于未加筋土纤维加筋土的质量损失减少了近 50%；随着纤维含量增加纤维加筋土抵抗冻融循环的效果增加，但纤维加筋对应力-应变曲线初始刚度无明显影响。Kravchenko 等通过开展冻融循环前后纤维加筋黏土的三轴剪切试验研究了不同含量玄武岩和聚丙烯纤维加筋黏土的强度变化特性，发现所有试样的强度和弹性模量随着冻融循环的增加而降低，添加纤维有利于阻止冻融循环对土体劣化的影响，即与未添加纤维的试样相比，纤维加筋土的强度和弹性模量在冻融前后均大于未加筋土。Orakoglu 等通过不排水三轴剪切试验研究了冻融循环作用下粉煤灰-木质素纤维改良土的力学性能。试验结果显示，随着冻融循环次数增加，改良土的抗剪强度值降低，添加纤维抑制了粘聚力下降趋势，经过冻融循环后所有试样的弹性模量均降低。随后，Orakoglu 等又通过开展冻融循环后纤维加筋土的动三轴试验研究了纤维加筋土的动强度行为，指出在冻融循环后，随着纤维的加入，阻尼比和剪切模量因刚度增加而增加，但剪切模量随着剪切应变的增加而减小。通过室内试验，研究了木质素纤维增强黄土在不同冻融循环条件下的无侧限抗压强度。Gao 等试验研究了木质素纤维含量和冻融循环对黄土强度、强度指标和变形模量的影响。试验结果表明，在冻融循环条件下，纤维含量为1%时黄土的无侧限抗压强度最为稳定。冻融循环增加了纤维含量为1%的黄土的变形模量，其抗变形能力明显优于纤维含量为1.5%、2%和3%的黄土。当纤维含量小于1%时，冻融循环后纤维增强黄土的抗剪强度、粘聚力和内摩擦角提高最快。当纤维含量为1%时，冻融循环对纤维增强黄土的整体破坏作用受到抑制，土体具有最佳的抗冻融性。Li等采用8字形试样研究了冻融循环作用下纤维加筋土的抗拉强度特性，发现纤维添加提高了土体的刚度、峰值强度和残余强度，且冻融循环1次后土体的破坏行为由脆性向延性发生转变。Liu等研究发现随冻融循环次数增加纤维加筋土的无侧限抗压强度呈指数型衰减，发现纤维加筋减弱了冻融土在无约束状态下的软化程度。Kou等调查研究了冻融循环对纤维加筋水泥固化粉土无侧限抗压强度、峰值强度应力比、回弹模量及质量损失的影响。Gong等试验研究了冻融循环作用对纤维加筋土抗剪强度折减的影响，并在有限元模型中引入抗剪强度折减的概念，对聚丙烯纤维加筋土边坡进行了稳定性分析。

郎海鹏通过开展室内三轴试验和冻胀融沉试验，研究了各个影响因素对纤维加筋粉土力学强度特性以及冻胀融沉变形特性的影响。纤维加筋可以改变素土的破坏模式，明显提高试样的力学强度指标及抗冻胀融沉性能，纤维含量对试样的冻胀融沉有较大的影响，纤维长度影响不明显。韩春鹏等通过直剪试验研究了冻融循环对纤维加筋土抗剪强度的影响，得出冻融次数增加会降低加筋土的抗剪能力，纤维含量和纤维长度抵抗冻融循环作用存在一个最佳值。王剑烨通过开展冻融循环下的三因素正交三轴试验，指出玉米纤维土的强度变化受到的因素影响由大到小分别为纤维掺量、循环周期、冻结温度；冻融循环次数的增加可以使素土和低掺量玉米纤维土由应变-软化转变为应变-硬化趋势。高掺量的玉米纤维土在各个循环周期下应力-应变曲线呈相似趋势，峰值应力随循环周期增加而减小，且在高围压下这种现象更明显。田家忆研究发现土体粘聚力和抗剪强度值随着冻融次数的增加呈现递减趋势，且在经历第1次冻融作用后，衰减最为剧烈，冻融作用对内摩擦角影响较小；冻融循环作用后素土的粘聚力衰减率均大于纤维土。除纤维土的冻融耐久性研究外，近些年学者们也开展了大量纤维加筋固化土的冻融耐久性研究，在此不再赘述。

关于纤维加筋土体干湿耐久性研究方面，Ma等通过开展干湿循环后百慕大草根加筋土的单轴及三轴剪切试验研究干湿循环对其强度的劣化影响，指出获得最大抗剪强度和无侧限抗压强度的最佳草根含量为0.15%和0.2%。经过干湿循环后，草根加筋土粘聚力和内摩擦角的弱化趋势相同，但粘聚力的弱化比例大于内摩擦角。随着干湿循环数的增加，两者均呈线性下降。Jalali等通过开展无侧限压缩试验及超声波脉冲速度试验研究了纤维添加对工业污水污泥灰（ISSA）加筋土干湿耐久性的影响。结果表明，纤维和ISSA加筋黏土的强度从0到3次循环随干湿循环次数的增加而增加，随后下降。Roshan等研究发现木质素磺酸盐可以提高黏质砂土的干湿稳定性，但只能抵抗2次干湿循环，添加0.8%纤维可进一步提升其干湿耐久性至12次干湿循环。此外，纤维添加可以显著降低干湿作用下黏质砂土的质量损失。Huang等通过室内抗剪强度和干湿开裂试验研究发现聚丙烯和玻璃纤维均能显著提高膨胀土的抗剪性能。纤维加筋对膨胀土开裂有一定的抑制作用，在纤维含量为0.5%时，两种纤维抑制开裂的效果最好。指出控制纤维改良膨胀土效果的根本因素是膨胀土颗粒与纤维的黏附，聚丙烯纤维与玻璃纤维相比由于其表面更加粗糙，因此其改良效果更好。Yan等通过剪切、崩解、渗透试验研究了干湿循环和冻融循环对纤维加筋延安黄土的抗侵蚀能力的影响。试验结果表明：在干湿循环和冻融循环作用下，加筋土的粘聚力和内摩擦角随着循环次数的增加而减小，而崩解速率和渗透系数则随着循环次数的增加而增大。加筋土抗侵蚀能力参数的降低与干湿循环次数或冻融循环次数的关系符合双曲函数拟合结果。干湿循环和冻融循环对加筋土的降低作用最明显的是崩解速率，其次是粘聚力。与干湿循环相比，冻融循环对加筋土粘聚力、崩解速率和渗透系数的降低作用更强，但干湿循环对内摩擦角的降低作用更大。

吴继玲研究发现纤维加筋膨胀土在 1 次干湿循环后强度衰减效果最明显，随着循环次数的增加，其强度衰减降低并趋于稳定。纤维加筋膨胀土的粘聚力、内摩擦角在干湿循环过程中的变化趋势一致，与干湿循环次数的多项式关系系数比较接近。纤维对膨胀土的作用是以一个强度增量附加于膨胀土，且此增量不随着干湿循环次数的变化而变化。干湿循环过程中，在膨胀土中加入纤维可以明显地把土体连接在一起，使其成为一个整体。试样在饱和时，当裂隙闭合之后，纤维具有导水作用，可以避免试样因膨胀而发生拱起。纤维可以减缓膨胀土失水崩裂，吸水膨胀拱起而产生的破坏。顾欣和徐洪钟试验研究了膨胀土在干湿循环作用下的开裂特性和纤维加筋对膨胀土裂隙发育的抑制作用以及强度随裂隙开展的变化规律，发现纤维加筋膨胀土各裂隙指标均小于素膨胀土，而强度均大于素膨胀土，体现了纤维加筋减小膨胀土裂隙性、提高土体强度和整体性的良好效果。王天等利用多种纤维和水泥、石灰、固化剂来复合固化砂土研究其干湿循环后的耐久能力。发现纤维种类对固化砂土的强度无明显影响，纤维加筋固化砂土具有良好的抗干缩湿胀能力，建议使用 8％水泥和 0.45％聚丙烯纤维来复合固化砂土。周世宗通过对纤维水泥土在滨海条件下进行干湿循环试验，研究了干湿循环条件下纤维含量对纤维水泥土强度特性的变化规律。结果表明：同一纤维含量下，纤维水泥土的无侧限抗压强度和粘聚力均随干湿循环次数的增加出现先增大后减小的趋势；同一干湿循环次数下，纤维水泥土的无侧限抗压强度和粘聚力均随纤维含量的增加而增大。韩春鹏等通过室内试验及数字图像处理技术，研究了干湿循环条件下膨胀土的开裂特性及纤维加筋对裂隙发展的影响。结果表明：膨胀土中掺加纤维，能够有效提高土体无侧限抗压强度，且掺量为 0.7％时，对土体加筋效果最为显著；在干湿循环条件下，土体表面裂隙发育基本沿原有通道继续展开；随着干湿循环次数的增加，土体表面的裂隙面积率、裂隙总长度逐渐增大，而裂隙平均宽度存在递减的趋势，掺加纤维能够有效地抑制裂隙的开展。

从以上研究总结可以看出，目前关于纤维加筋土的冻融、干湿耐久性已取得了不错的研究成果。然而，比较发现纤维加筋土在冻融耐久性方面更加全面，干湿耐久性方面相对较少。且干湿循环效应下纤维加筋土耐久性的研究主要集中在膨润土和黏土，关于纤维加筋黄土的研究更少，但在实际工程中由气候变化引起的干湿循环对黄土加固工程安全有很大影响，故不可忽视干湿循环效应对加筋黄土工程特性的影响。

1.2.4　土体数字图像相关法研究

目前，关于纤维加筋土变形特征的研究多通过加载后试样的变形破坏照片来定性分析纤维添加对土体变形特性的影响，显然若能够结合定量方法来分析其破坏模式和破坏机理，对加筋土的工程应用更具有实际意义。数字图像相关法技术为解决这一问题提供了思路。数字图像相关法是一种通过对物体变形前后的两幅图片进行相关计算来求取物体位移及变形的方法。其中的相关计算也就是求取两幅图像中对应点的方法，通俗地讲也就是图像匹配。对于人眼来说，观察并追踪物体的运动并不是一件很困难的事情，然而对于计算机来说却并非如此，尤其是对那些表面特征较少的物体。在变形测量过程中，用CCD相机记录物体变形前后的两幅散斑图像，数字图像相关法预先定义一个数学标准（相关系数）来衡量两个区域的相似程度，然后通过搜索算法来寻找变形前后的两个对应点，最后通过计算两个对应点的相对位移即可得到物体表面的变形信息。近年来，随着数字图像技术的发展，数字图像技术已被广泛地应用于物体变形测量。

基于数字图像技术在试样变形测量方面的优势，岩土工程界在过去20年中采用的数字图像相关方法为研究人员提供了一种变革性工具，用于可视化破坏机制，并量化物理模型试验中的土体和土体结构相互作用行为。目前，在岩土材料的数字图像试验研究方面，国内外学者采用数字图像技术对其开裂、变形破坏特征进行了大量的试验研究，包括二维和三维数字图像技术两种。在二维变形测量方面，Vitone 等利用二维数字图像相关技术（2D-DIC）研究了强裂隙黏土的局部变形，并通过数字图像技术测得的全场位移和应变对标准的整体应力-应变测量进行了补充。El Hajjar 等研发了一种结合数字图像相关技术和黏土环试验的新型装置，来研究细粒土的收缩和开裂行为，探究其收缩机制及导致干燥裂缝出现的条件。林銮等也基于数字图像相关技术开展了土体的干缩开裂过程研究。王鹏鹏等利用研制的平面应变设备结合2D-DIC技术来分析福建标准砂在不同围压下的变形特性，并通过数字图像相关法得到的平面应变试验结果来确定砂土基于抗滚动摩擦模型的细观参数。结果表明：该试验设备可以准确获得福建标准砂的局部变形规律和变形过程的非线性行为，由此确定的砂土细观参数也能够较为真实地反映试验材料的应力-应变关系。

在三维变形测量方面，Medina-Cetina 等利用三维数字图像相关（3D-DIC）技术测量三轴压缩试验过程中砂土试样表面的全场位移、实际试样初始形状，以及与压板和仪器柔度以及垫层沉降相关的变形。Bhandari 等介绍了一种新型的基于数字图像的土体三轴变形测量系统，并以砂土试样的排水三轴压缩试验为例，对该技术进行了验证。举例说明了该系统用于研究变形土体试样的表面变形特征（例如，桶状化、局部化开始和剪切带演变）的典型实现。Zeng 等基于数字图像技术开展了硅粉和福建砂的循环三轴试验，研究砂土破坏变形前的应力-应变特性以及卸载弹性行为，实现了三轴试验中对土的轴向、径向和体积变形及整个表面的变形分布的监测。Shao 等利用数字图像技术开展土的三轴试验，研究不同时刻土样的破坏特征，发现试样变形破坏明显表现出破坏前、破坏中、破坏后三个阶段，并基于三个阶段的局部变形特征对应力-应变曲线进行了识别分析。指出试样的应力-应变曲线揭示的是一种结构响应，而不是基本响应，尤其是在破坏中和破坏后状态下，其中不同角点的变形特征不同，整个试样的观察变形可能是局部变形的组合。Wang 等应用3D-DIC技术测量土样的三维大变形，来重建土样的三维表面形貌，并提出了一种对三轴检测中三维重建数据进行校正的标准空间标定方法，以提高立体视觉中投影变换的效果，结果表明整改后三轴检测中位移测量的均方根误差降低了一半以上。此外，基于3D-DIC结果并采用亚像素边缘检测器评估了体积变化。最后，将图像测量系统与常规测量方法的结果进行对比发现，提出的方法不仅可以获得试样三维全场变形、体应变等的分布，还可以为三轴试验中图像测量技术测量的三维数据的校正提供一种方法。Zhang 等利用非接触式的数字图像技术方法和常规饱和土三轴试验装置测量非饱和土试样的总体积变化和局部体积变化。在饱和砂土试样上开展三轴剪切试验检验了该方法在三轴试验期间测量总体积变化和局部体积变化的能力。验证试验结果表明，在空气中摄影测量的精度约为 $10\mu m$，三轴试验中单点测量的平均精度为 $0.056\sim0.076$mm，标准偏差为 $0.033\sim0.061$mm，总体积测量的精度优于 0.25%。

邵龙潭等通过数字图像三轴试验研究指出数字图像处理技术可无接触的测量变形，以消除传统三轴系统的变形测量误差，可测量土样任意部分的局部变形、剪切带的形成和发展过程，还可实时跟踪并记录土样变形过程。并讨论了图像测量结果与传统测量结果的差别，指出对于标准的小三轴试样可以取中间 40mm 左右的试样段进行变形测量，以排除端部效应影响。随后其又开发了第二代三轴土样变形数字图像测量系统，以进一步提高变形测量精度，同时实现土样局部变形的测量。刘港应用三轴全表面变形数字图像测量系统研究了加载过程中土样全表面的变形和应变分布，指出根据土样表面的应变分布和实测的应力-应变关系曲线，可以得到每一时刻土样表面的应力分布。土样表面剪切破坏开始出现的时刻和剪切破坏带贯穿的时刻可分别依据应变和应力判定。董建军等利用数字图像采集技术测量了非饱和土三轴剪切试验中试样表面变形发展情况，并分析了端部约束对试样变形的影响，试验发现试样中部 1/3 区域受端部约束的影响相对较小，其变形更能代表土体的真实变形。赵博雅等利用数字图像采集系统开展粉尾砂动三轴试验，分析了局部动模量和整体动模量之间的关系。

近些年，少量学者也采用数字图像技术对纤维加筋土的变形破坏特征进行了研究。Divya 等利用数字图像相关技术来获取拉伸试验期间土体的顶视图图像，以获得土体的位移矢量和应变场分布。指出其他参数不变时，随着纤维含量和纤维长度的增加，纤维加筋土的开裂起始应变和能量吸收能力增加，开裂后性能得到改善。此外，研究还发现更长的纤维在抑制裂缝方面更有效。Faghih 等通过二维数字图像相关技术来记录观察短轮胎纤维加筋土坯的直接拉伸和间接剪切试验，探讨添加短纤维对加筋土坯力学性能的影响。El Hajjar 等通过结合数字图像相关技术（DIC）和黏土环试验（CRT）研究了亚麻纤维加筋细粒黏土裂纹的萌生和扩展行为，并基于 DIC 和 CRT 这两种技术，提出了量化材料裂纹强度的相关参数。结果表明：纤维加筋后裂缝率显著降低了约 8 倍，突出了土体加筋对裂缝开口水平的影响。同样，在 DIC 和 CRT 斜率分析中观察到约 20 倍的显著下降，突出了加筋对裂缝开裂动力学的影响。

1.2.5 土体微细观试验研究

土的微观结构通常指组成土的颗粒或集粒的大小、形状、表面特征和定量比例关系、结构单元体的排列组合和结构联结、孔隙特征。土体结构性的破坏程度更多地体现在土体微细观结构上，它决定了土体的物理力学性质。早期对于土体结构的研究，主要基于表观图像定性定量分析、压汞试验（MIP）、扫描电镜试验（SEM）等测试方法，对土颗粒和孔隙的大小、形态、定向性和分布状态进行定性描述和定量分析。近年来众多学者也通过 CT 扫描无损检测技术，对土体微细观空间结构特征开展相关研究工作。

1. 黄土微细观试验研究

众多学者通过 MIP 试验分析黄土孔隙特征，了解不同影响因素下黄土孔隙分布规律。

王生新等采用压汞试验研究了天然黄土和冲击压实路基黄土的孔隙特征。吴朱敏等进行压汞试验，研究复合改性水玻璃加固黄土，发现改性前后加固黄土具有相近的孔隙分布特征。张玉伟基于 MIP 试验，分析浸水前后和不同荷载等级下黄土孔隙演化规律，建立浸水增湿和外荷载作用下孔隙分布函数，研究黄土的湿陷机理。高英等采用压汞法对西宁地区不同湿陷程度黄土的内部结构特征进行研究，定量定性分析了不同湿陷程度黄土的湿陷变形与其微观结构的相关性。井彦林等对非饱和黄土进行接触角测试及压汞试验，探讨了孔隙、接触角随深度的变化规律，分析了非饱和黄土的毛细特性和渗透性作用机制。Jing等对不同压实条件下的黄土进行接触角测量和压汞实验，研究了压实黄土的孔隙分布特征，在黄土试样击实过程中，当击实次数少于 30～40 时，会发生大的变形，变形主要是由于大孔和中孔的减少而引起的；当击实次数大于 30～40 时，发生的变形相对较小，变形则主要是由小孔的减少引起的。Zhang 等对西北地区原状黄土和不同干密度的重塑黄土进行 MIP 测试，研究了不同黄土试样的三维孔隙特征，结果表明：原状黄土比重塑黄土具有更多的连通孔，并且不同干密度的重塑黄土具有与原状黄土不同的孔隙结构。

部分学者采用压汞试验研究了不同应力路径下黄土微观孔隙变化规律。Jiang 等通过MIP 试验研究了不同应力路径下饱和天然黄土的微观结构演变规律，并将天然黄土和重塑黄土的微观结构特征用于分析黄土的宏观力学行为。蒋明镜等应用压汞试验研究了原状和重塑黄土初始样和不同应力路径试验前后孔隙分布的变化，探讨了宏观力学特性的微观机理。原状黄土与重塑黄土的初始样，具有呈双峰分布的孔隙分布；应力路径试验后粒间孔隙体积改变较大而粒内微孔隙和无法测得的微孔隙及封闭孔隙体积改变较小。胡海军等由进汞、退汞试验分析了地裂缝区黄土、充填黄土初始样和三轴应力路径试验后的孔隙分布特征，据此研究了两种土体进汞孔隙和退汞孔隙分形维数的差异和受载后的分形维数变化规律。

孔隙特征是影响土体微观结构的重要特征之一，压汞试验可以得到土体的孔径分布曲线，是了解土体孔隙分布特征的重要手段之一。孔金鹏等对泾阳崔师饱和原状黄土和饱和重塑黄土进行相近孔隙比下的压汞试验，研究饱和原状黄土与饱和重塑黄土在相近孔隙比下微观孔隙分布的差异，研究发现天然黄土呈三峰分布，重塑黄土呈两峰分布。李同录等基于压汞试验获得击实黄土的孔隙分布曲线，发现不同初始含水率下击实土样的孔隙分布曲线在相应的大孔径范围内相差较大，在小孔径范围内趋于一致。李华等基于压汞试验分析了不同干密度压实黄土孔隙分布曲线，干密度越大，小孔含量越少，导致土样的总孔隙率减小。Li 等通过 MIP 测量黄土的孔径分布曲线，并通过孔径分布曲线预测土水特征曲线。Xie 等通过压汞法获取压实黄土的微观性质，结果表明压实黄土含水量对土体微观结构具有显著影响，孔径分布曲线在大孔范围内差异较大，在微孔范围较为相似。崔德山等通过研究黄土坡滑坡滑带土冻干样和烘干样的孔隙特征，发现压汞法在高压时，会使滑带土中的孔隙变形甚至压塌，导致测试结果偏离实际，对纳米级孔的测定不够精确。恒速压汞试验适宜评价的孔隙范围是中孔和大孔区间。

MIP 主要用于测定大中孔隙的孔径分布，其在小孔隙和微孔隙的应用上是有限的，孔隙越小，需要对汞施加的压力就越大，对试样原生孔隙破坏就会增强，导致结果误差就越大；另一方面汞能否进入孔隙取决于孔隙的连通性和与外表面的连接，对于封闭的孔隙则无法检测到。

大量学者通过 SEM 图像对土体的微观结构进行分析，以反映其对宏观性质的影响规律。这一方面的研究主要分为定性分析和定量研究两个部分，定性分析主要是通过土样的 SEM 图像，对土颗粒形态、颗粒连接方式和孔隙的分布特征进行分析；定量研究主要是通过孔隙度、孔隙直径、方向角、概率熵、分形维数等参数化形式反映土颗粒和孔隙微观结构变化规律。

众多学者基于 SEM 图像对黄土微观结构演化规律开展研究工作。彭建兵等通过扫描电镜研究了渭河盆地活断层破碎物的微观形貌特征，根据石英碎屑的 SEM 形貌特征辨别黄土中断层的活动性质。宋菲利用扫描电子显微镜及能谱分析技术研究了黄土的微观结构形态以及碳酸钙在黄土微观结构中的分布。Cai 等通过放大 500 倍的 SEM 图像研究了剪切破坏和固结作用下湿陷性黄土的微观结构变化特征，黄土絮凝结构在固结压力作用下被彻底破坏，随着固结压力增加，初始的大孔隙和较大的颗粒遭到破坏，土体结构逐渐压密且具有方向性。郭泽泽等以延安地区不同深度黄土为研究对象，基于 SEM-EDS 定量分析了黄土中的主要矿物元素的含量，研究了不同黏土矿物成分及其所占比例对黄土湿陷性的影响。刘博诗等通过 SEM 试验分析了人工制备湿陷性黄土的微观结构特征，从微观层面验证了该人工制备黄土是一种较为理想的湿陷性黄土模型试验相似材料。张泽林等采用 SEM 技术，获取了泥岩在不同剪切状态下的微观结构特征，并分析其孔隙的微观参量，研究了天水地区黄土和泥岩的微细观损伤机制。Li 等通过 SEM 图像和孔隙形态特性分布的变化来解释黄土在加压和浸湿作用下的微观结构演变。研究结果表明，湿陷性黄土具有开放的结构，其中作为基本单元的黏土包裹着粉土和黏土-粉土集粒通过少量胶结物连接。加压和浸湿后，黏土集粒崩解（胶结物），碳酸盐胶结物的分解和其他黏合剂会引发土体结构的破坏。Zhang 等借助 SEM 图像分析了渤海地区滨海黄土的湿陷特性，研究结果表明滨海黄土具有中等程度的湿陷能力，粉土颗粒和黏土颗粒对土体湿陷的影响具有相同的趋势。贾栋钦等基于 XRD、SEM 技术对改性糯米灰浆固化黄土改善水敏性的微观作用机理进行分析，改性糯米灰浆中的石膏和方解石晶体改变了黄土原有的孔隙结构，并增强了土颗粒间的粘结，改善了黄土的水敏性。Cheng 等基于 SEM 技术研究了饱和原状黄土、压实黄土和重塑黄土的热软化过程的微观结构。原状黄土试样最具抗热软化作用，由于其微观结构中颗粒间接触通过黏土团聚体得以稳定；重塑试样的抗热软化能力最低，这主要是由于重塑试样中的黏土颗粒浮在粉土颗粒表面而不是在颗粒间接触处。Liu 等从黄土微观结构、颗粒形态并结合图像分析阐述了黄土湿陷成因。谷天峰等针对 Q_3 黄土经受循环荷载后的微观演化进行相关研究，结果显示：试样内部大孔隙数目在动应力作用下逐渐减少，土颗粒间的密实程度逐渐增大。同时大孔隙的破坏会导致原状土样产生变形。唐东旗等采用 SEM 对某地区黄土内部微观结构组成进行了分析，发现该区黄土内部结构多以架空结构呈现，且黄土上覆压力随深度的变化呈正比。王家鼎等利用 GIS 软件对地基黄土液化特性进行研究，并利用电镜扫描对其液化前后照片进行定量分析，研究结果显示：液化后的黄土孔隙分形维数较小；孔隙分维在区域上（不论方向）都在减少。吴旭阳等为了从微观上揭示原状黄土强度各向异性特性，采用电镜扫描微观技术对原状黄土进行研究。其依据试验数据提出原状黄土结构强度各向异性几何模型及相关参数。Hu 等通过 SEM 试验研究了干湿循环作用下干密度、干湿变化幅度以及干湿循环下限对压实黄土强度劣化的影响，发现干湿循环诱导黄土的微观结构发生变化，土颗粒接触方式由面接触转变为点接触，颗粒及团聚体破碎程度以及孔隙度显著增加。

SEM 试验只能反映试样土体表面孔隙特征，扫描所得二维照片的局限性使其无法反映土体内部真实的孔隙分布情况。上述测试方法均在二维（2D）图像的基础上，对孔隙特征进行分析，具有一定的局限性。

众多学者通过 CT 扫描技术对黄土微细观结构演化规律开展相关研究工作。一部分学者单纯采用 CT 扫描技术研究土体的内部细观结构特征，对试验得到的 CT 扫描切片进行定性的形貌描述和定量的参数化分析。而另一部分学者则是采用与 CT 试验机配套的岩土试验设备，实现动态、无损的检测试样的内部结构变化特征，能够精准地反映试样的损伤破坏特征，进行连续的损伤检测，动态地展示试验过程中的破损规律。将传统岩土试验装置与先进的微细观检测设备相结合，在之后的岩土试验研究过程中必将会有越来越多的应用。

部分学者采用 CT 扫描技术，对试样的细观形貌定性和定量化分析，研究土体的内部细观结构特征。郑剑锋等分别对兰州黄土和青藏线土采用短时压实法制样进行 CT 扫描检测，通过 CT 数方差来定量化反映试样的均匀性，对试样的初始损伤进行评价。江泊洧等针对黄土滑坡滑带土进行研究，并根据 CT 试验观察其内部结构变化。李昊通过 CT 扫描细观试验得到泾阳黄土滑带土的细观图像，对滑带土结构和孔隙、钙质胶结的分布特征进行研究。许多学者将 CT 机与三轴仪相结合，研究土样细观动态剪切损伤演化规律。倪万魁等利用可同步进行的三轴 CT 仪，对路基原状黄土进行了固结不排水三轴剪切试验，从 CT 扫描图像断面和 CT 数两方面分析了不同受力过程中黄土细观结构的变化规律。蒲毅彬等采用 CT 技术对黄土受荷、渗水过程进行动态扫描，通过 CT 图像和数据分析直观地反映土样变化过程。庞旭卿等采用 CT-三轴仪对非饱和原状黄土与扰动黄土变形特性进行了研究，同时为了从微观上解释原状黄土三轴剪切变形特性，基于 CT 技术对原状黄土进行无损扫描，对经历三轴剪切试样进行观测，并得到试样内部结构损伤图像及相关数据。李加贵等采用 CT-湿陷性三轴仪，研究原状 Q_3 黄土的浸水湿陷特性，试验中利用 CT 机进行断面扫描，通过 CT 数定量分析原状 Q_3 黄土的结构性对湿陷的影响。方祥位等为了从微观上揭示原状 Q_2 黄土三轴浸水过程中的变形特性，采用 CT 技术对其内部结构进行无损测量，通过得到的 CT 图像及相关数据对其进行定性定量化分析。姚志华等对非饱和 Q_3 原状黄土试样进行了控制吸力的各向等压加载试验，借助 CT 扫描技术，对变形和排水稳定后黄土试样进行实时动态扫描，得到原状黄土加载过程中宏观力学指标与细观扫描数据的关系，研究原状黄土加载过程中的结构性以及结构演化规律。周跃峰等通过实时加载-扫描的 CT 三轴试验，分析了陕西宝鸡某原状黄土在加载过程中剪切带的细观演化规律。

上述学者研究成果表明：Micro-CT 试验相较于 SEM 等试验手段，具有较多的优势，具体表现在：Micro-CT 扫描试验可以任选试验截面，重构土体三维图像，从而更加真实、全面地反映土体内部孔隙的空间分布变化规律；Micro-CT 扫描试验可以做到定性分析与定量分析的结合，其在研究土体结构性的无损检测手段中具有其不可替代性。

2. 纤维加筋土微细观试验研究

目前，对于黄土的微细观研究已比较成熟，包括原状黄土、重塑黄土对表观裂隙发育，Prakash 等通过非侵入式成像方法对四种土壤类型（一种裸土和三种纤维加筋土）进行 105 天监测，探索了干湿循环下纤维加筋土裂缝的演化，并采用连续函数方法探索了裂缝强度因子和吸力的二元依赖关系。试验结果表明，与加筋土相比，压实裸土的干燥程度最高，特别是在高吸力范围（接近 4000kPa）。由于"桥联效应"，纤维增强试样的裂纹强度因子峰值较小。由于椰壳纤维是多丝且具有高延展性，因此其裂纹强度因子峰值最低。Tang 等通过添加聚丙烯纤维改良土体，开展单轴拉伸试验，研究纤维土界面的剪切强度，并利用扫描电子显微镜研究土颗粒与纤维界面的微观行为。研究认为纤维与土壤的界面剪切抗力主要与土壤颗粒抵抗重新排列，有效界面接触面积，纤维表面粗糙度和土壤成分等有关。王德银等通过添加聚丙烯纤维的方法改良非饱和黏土研究其剪切强度特性，并借助扫描电镜，从微观的角度探讨纤维的增强机理。研究指出，纤维加筋能有效提高土体的抗剪强度，且抗剪强度随纤维掺量的增加而增加；纤维对粘聚力的增强效果要明显；纤维加筋土的抗剪强度随含水率的增加而减小，随干密度的增加而增加。此外，纤维加筋在提高土体峰值剪切强度的同时，还能增加土体破坏时对应的应变及破坏后的残余强度，改善土体的破坏韧性。根据扫描电镜分析的结果得出，单根纤维一维拉筋作用和纤维网三维拉筋作用是纤维加筋土的主要增强机理；剪切面上的纤维在剪切过程中呈现拔出和拉断两种失效模式。吕超等采用核磁共振（NMR）技术和无侧限抗压强度试验对不同含量纤维加固红黏土的宏微观特性进行研究，指出不同含量纤维加固后红黏土的 T_2 谱形态基本保持一致，均在弛豫时间为 1ms 附近出现峰值，且纤维含量为 0.2% 时，试样内部信号最强；不同含量纤维加筋土内部的孔径主要分布在 0.01～0.05μm 之间，且 0.02μm 孔径所占比例最大；试样的孔隙度和 T_2 谱峰值面积随纤维含量的增加表现出先增加后减小的趋势，且均在纤维含量为 0.2% 时到达最大值。

唐朝生等通过 SEM 试验分别分析了纤维在素土、水泥土和石灰土中的表面形态学特征及接触面之间力的产生和传递过程，研究纤维在不同的土介质中筋/土界面间的微观力学作用机理。指出筋/土界面之间的力学作用主要有两种形式：黏结和摩擦；界面黏结力和摩擦力大小受土质条件和界面接触条件的影响；在纤维加筋素土中，筋/土界面作用力主要来自纤维表面与黏土颗粒的相互作用；在纤维加筋水泥土中，纤维主要与水泥水化产物发生作用，筋/土界面作用力以黏结力为主；在纤维加筋石灰土中，纤维表面发生严重的挤压变形，筋/土界面作用力以摩擦力为主。谢约翰等通过 SEM 试验对纤维加筋微生物固化砂土的微观结构观察分析，指出纤维加筋技术与 MICP 技术对土体力学性质的改善存在相互促进作用：纤维的掺入能够改善脲酶菌的定植，从而增加碳酸钙的沉积效率和产量；碳酸钙的胶结作用能改善纤维-土颗粒界面之间的界面力学强度，从而提高纤维的加筋效果。Wang 等通过 SEM 试验对玄武岩纤维加筋水泥固化高岭土的微观结构进行了分析，指出高岭石颗粒、水泥水化产物和纤维之间以界面粘结和摩擦形式存在的力学相互作用是控制加固效果的主要机制。纤维的桥接效应（加筋）和水化产物的结合效应（胶结）对形成稳定且相互连接的微观结构作出了重要贡献，从而显著改善了胶结高岭石的力学性能。

Roustaei 等通过三轴和 SEM 试验研究了聚丙烯纤维添加对细颗粒土冻融循环特性的影响，发现冻融循环后加筋土的强度衰减由 43% 降低至 32%，指出这种变化是由纤维作为土颗粒之间的拉伸单元引起的。Liu 等通过 SEM 试验调查分析了纤维加筋改善冻融土强度特性的加固机理，发现冻融条件下纤维加筋土的强度折减量小于纤维-土界面强度折减量。分析指出是由于纤维加筋土主要受纤维-土界面和离散纤维建立的空间应力网络的控制。Xu 等利用颗粒（孔隙）和裂纹分析系统（PCAS）和 SEM 试验对纤维加筋黄土的表观特征和微观结构进行了分析。指出加筋土的裂隙率随干湿循环扩展规律与强度衰减规律一致；干湿循环破坏了素黄土的微观结构，造成了微裂隙的产生，加筋土的劣化主要发生在土与纤维界面处，纤维网络是干湿循环后加筋土强度高于素黄土的主要控制机理。Wu 等采用 X 射线微 CT 扫描研究干湿循环后纤维加筋黄土细观结构的变化特征，根据CT 数均值和方差定量化地分析了干湿循环对加筋土的劣化影响。

以上学者主要针对黄土及纤维加筋土微细观结构规律开展相关研究工作，然而关于干湿作用下纤维加筋黄土微细观结构损伤扩展演化模式的研究尚未见有专门研究报道。上述微细观测试方法在实际研究应用过程中往往多种方法相结合，综合反映土体的微细观结构。因此，在研究过程中将多种微细观测试方法相结合反映干湿作用对纤维加筋黄土微细观结构的影响，通过微观结构来揭示宏观力学性质的演化特征。

1.2.6 研究现状总结

目前，纤维加筋改良土体强度的研究已经得到了普遍的认可，然而，纤维加筋改良土体强度的力学机理以及纤维加筋黄土抵御干湿循环劣化作用的研究还鲜有报道。本项目通过开展玄武岩纤维加筋黄土干湿循环作用下基于数字图像相关技术的单轴拉压及三轴剪切试验，确定纤维加筋黄土纤维长度和纤维含量的动态变化规律及量化分析方法，建立纤维加筋黄土应力-应变关系、强度和变形指标与干湿循环参数之间的定量关系；确定纤维加筋对于黄土破坏模式及破坏形态的影响特征；揭示纤维长度和纤维含量如何影响其加筋效果以及干湿循环效应下加筋黄土强度劣化损伤的微观机理，建立可以描述干湿循环效应下纤维加筋黄土损伤特性的本构模型；最终提出适合黄土高原地区工程建设最佳的纤维加筋条件。研究成果有助于更加合理地评价纤维加筋改良黄土强度的力学机理，为复杂气候条件下黄土高原地区路基、边坡加固等工程建设提供理论依据。

对纤维加筋黄土改良土体强度的研究，目前主要是通过基本力学试验，虽然已经定性揭示出纤维加筋改良黄土强度的主要原因与特征，但是在干湿循环条件下纤维含量对加筋黄土损伤扩展过程、劣化破坏模式及发展规律是什么？这些因素和纤维加筋黄土强度之间的定量关系如何？干湿循环导致纤维加筋黄土强度劣化的力学机理是什么？这些都是需要通过对干湿循环劣化效应下纤维加筋黄土的微观结构变化进行深入研究来回答的问题。目前对不同纤维加筋条件对黄土强度的影响机理、干湿循环对纤维加筋黄土强度劣化损伤的研究很少，虽然对纤维加筋改良黄土问题及黄土强度劣化问题等相关方面研究工作可供参考，但由于黄土高原地区复杂气候对于纤维加筋黄土强度劣化的特殊性，对干湿循环效应下纤维加筋黄土劣化损伤问题进行研究时，仍存在基础性研究不足的问题。因此，对干湿循环劣化效应下纤维加筋黄土强度劣化问题进行深入研究，是必要的。但至今尚未有一本较系统的"干湿循环效应下纤维加筋黄土的力学行为研究"专著。这对黄土力学和工程建设是一大缺陷。为了填补这一空白，作者在国家自然科学基金项目资助下系统地开展了玄武岩纤维加筋黄土力学行为问题的研究，以促进黄土力学与工程事业的进步，适应当务之急。

1.3　主要研究内容及研究思路

1.3.1　研究内容

由于黄土地区特殊的地质环境和自然条件，黄土边坡、路基受干湿循环作用的影响显著。近年来，纤维加筋技术快速发展，具有简单、有效、价格低廉等优势，且纤维网络拥有联锁作用，为解决干湿作用下黄土劣化问题提供了新契机。本书依托国家自然科学基金项目"受地震荷载扰动裂隙性黄土崩塌灾害发生机理及评估方法研究"，针对黄土边坡崩塌等病害的特点，对单轴压缩和单轴拉伸下纤维加筋黄土强度及变形破坏规律，干湿循环作用下纤维加筋黄土的强度和变形劣化规律，干湿循环作用下纤维加筋黄土强度劣化的微细观演化机理开展了系统深入的研究。主要研究内容包括：

1. 玄武岩纤维加筋黄土单轴压缩力学行为研究

开展了玄武岩纤维加筋黄土的单轴压缩试验，分析了纤维含量和纤维长度对加筋黄土单轴抗压强度、破坏模式及表面变形的影响。对干湿循环作用下纤维加筋黄土的强度劣化规律以及表面变形特征进行研究，为纤维加筋稳定黄土边坡崩塌破坏提供依据。基于扰动状态概念提出并建立了一个考虑纤维含量对加筋土加筋效果影响的扰动状态概念本构模型。利用 ABAQUS 有限元软件对加筋土单轴压缩试验进行了数值模拟，并与室内试验进行了对比。

2. 玄武岩纤维加筋黄土单轴拉伸力学行为研究

开展了玄武岩纤维加筋黄土的单轴拉伸试验。分析了纤维含量和纤维长度对加筋黄土单轴抗拉强度、破坏模式及表面变形的影响。对干湿循环作用下纤维加筋黄土的强度劣化规律以及表面变形特征进行研究，为纤维加筋稳定黄土边坡崩塌破坏提供依据。基于纤维加筋黄土的单轴抗压强度建立了纤维加筋黄土的抗拉强度预测模型。

3. 玄武岩纤维加筋黄土三轴剪切力学行为研究

开展室内纤维加筋黄土三轴剪切试验，分析应力-应变关系、强度参数变化规律；研究不同纤维长度和纤维含量下试样的强度和变形特性，分析纤维含量和纤维长度对加筋效果的影响。基于数字图像技术分析纤维添加对土体变形和破坏形式的影响。根据纤维加筋黄土的抗拉强度建立了适用于纤维加筋黄土的统一联合强度理论模型。通过 SEM 试验研究纤维含量和纤维长度对纤维加筋黄土微细观结构变化特征。基于 Weibull 概率密度函数以及 Lemaitre 提出的应变等效假设，采用 Drucker-Prager 强度准则反映荷载所致的土体结构损伤，建立了纤维加筋黄土的统计损伤本构模型。

4. 干湿循环作用下玄武岩纤维加筋黄土三轴剪切力学行为研究

开展室内干湿循环条件下纤维加筋黄土三轴剪切试验，分析应力-应变关系、强度参数劣化规律，通过裂隙图像识别技术、SEM 试验、CT 扫描试验，研究纤维加筋黄土微细观结构变化特征；基于 CT 数 ME 值，建立相应的多变量损伤演化方程，揭示干湿作用下纤维加筋黄土损伤演化机制。根据连续介质损伤理论以及 Lemaitre 提出的应变等效假设并考虑干湿损伤与加载损伤的相互作用，建立了考虑干湿循环效应的纤维加筋黄土的统计损伤本构模型。

1.3.2 研究思路

本书在纤维加筋黄土力学行为试验研究的基础上，充分借鉴前人对纤维加筋土体强度、变形、干湿过程强度劣化和微细观特性以及土体强度理论的相关研究成果，深入探讨了干湿作用下纤维加筋黄土强度、破坏模式及表面变形规律，强度劣化特性及其诱发的微细观结构变化。

重点基于不同纤维条件下纤维加筋黄土的力学行为试验和干湿循环作用下纤维加筋黄土的力学行为试验，揭示了纤维添加提高黄土强度的作用机理以及干湿循环作用下纤维加筋黄土强度劣化的机理。在此基础上通过纤维加筋黄土的加固机理以及干湿劣化机理，确定了干湿循环作用下纤维加筋稳定黄土边坡崩塌的预测判据、致灾范围和破坏力，从而实现了对黄土边坡崩塌、路基变形灾害的定量评估和预测。

上述研究成果不但丰富和完善了纤维加筋改良黄土强度、控制崩塌灾害研究的知识体系，还能够更加合理地利用纤维加筋来控制黄土边坡崩塌、抑制路基变形，评价潜在崩塌灾害的危险性程度，科学地提出防灾减灾的措施。

第 2 章　玄武岩纤维加筋黄土单轴压缩力学行为研究

黄土是一种分布于干旱、半干旱地区的第四纪沉积物，广泛分布于中国西北地区。黄土具有欠压密、大孔隙、垂直节理发育的结构特征，以及强烈的水敏性，遇水后易出现崩解、湿陷、滑动、流变等变形行为，造成黄土边坡滑坡、路基沉降、隧道变形等一系列工程问题。近年来，西部地区高速公路和高速铁路建设增多，难免遇到大量边坡和路基加固问题，其中黄土边坡失稳一直是困扰岩土工程师的难题，如图 2-1 所示。土体加筋改良技术最早由法国工程师 Henri Vidal 提出，已发展出多种加筋方法，包括土工布、土工格栅、土工网等，并在边坡、道路、挡土墙等工程中得到广泛应用。作为一种新兴的加筋技术，纤维加筋发展较晚，与传统的加筋方法相比，纤维加筋土是按一定比例将很细的纤维丝或纤维网与土料充分拌合形成的一种土工复合材料。此外，由于黄土地区特殊的地质环境和自然条件，黄土边坡受干湿作用的影响显著，因干湿作用影响而诱发的黄土边坡剥落等病害问题不可忽视。因此，本章首先通过单轴压缩和数字图像试验得到纤维添加改良黄土强度的基本规律，然后开展了干湿循环作用下加筋土的强度劣化试验，最后构建了单轴压缩条件下纤维加筋黄土数值计算模型，并利用该模型对试验工况进行数值计算分析。研究成果对理解纤维添加提高黄土强度的作用机理，干湿循环作用下纤维加筋黄土强度劣化的机理以及黄土边坡加固及防护，具有重要的理论价值及工程指导意义。

(a) 片块状剥落

(b) 片块状剥落

图 2-1　黄土边坡风化剥落

2.1　试验材料

纤维加筋黄土单轴压缩力学行为试验研究所用材料主要有西安黄土和玄武岩纤维。

图 2-2 现场取土

2.1.1 西安黄土

黄土取自西安市南郊某基坑（图 2-2），取土深度为 6～8m，为西北地区典型的湿陷性黄土，属于黏土，土质均匀，少见虫孔和气孔，取土之后用塑料薄膜包裹严密保存。按照《土工试验方法标准》GB/T 50123—2019 对所取西安原状黄土进行基本物理指标测定，具体参数见表 2-1。采用 Better-size2000 激光粒度分布仪来开展颗粒分析试验，仪器测试范围为 0.02～2000μm，在此测量范围内一共可得到 100 个粒级的百分含量数据，同时可精确到每一个粒级的百分含量，试验准确性误差≤1%，重复性误差≤1%。试验用土粒度分布结果如下：>0.05mm（2.95%）、0.01～0.05mm（54.42%）、0.005～0.01mm（20.55%）、<0.005mm（22.08%）。粒度分布曲线结果如图 2-3 所示。

试验黄土物理特性参数 表 2-1

土粒比重 G_s	密度 $\rho/\text{g} \cdot \text{cm}^{-3}$	孔隙比 e	液限 $w_L/\%$	塑限 $w_P/\%$	塑性指数 I_p	最大干密度 $\rho_{dmax}/\text{g} \cdot \text{cm}^{-3}$	最优含水率 $w_{op}/\%$
2.70	1.79	0.81	36.5	19.0	17.5	1.83	18.9

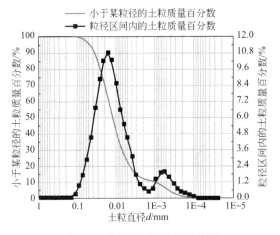

图 2-3 试验用土颗粒级配曲线

2.1.2 玄武岩纤维

目前工程中应用的纤维可分为天然纤维和人工合成纤维两大类，其中天然纤维的使用大多是根据工程当地的生态环境，就地取材，例如玉米丝纤维、剑麻纤维、椰丝纤维等，天然纤维具有环境友好的特点，但其来源及纤维分离方式仍较复杂。人工合成纤维近年来得到了大量关注，比如玄武岩纤维、碳纤维、玻璃纤维、聚丙烯纤维等。玄武岩纤维为天然玄武岩石料经高温、熔融拉制而成的连续纤维丝。玄武岩纤维作为一种新型环保材料，其价格仅为碳纤维的 1/10，且抗拉强度和弹性模量等力学性能明显高于聚丙烯纤维，被誉为 21 世纪纯天然的高性能纤维，因此本研究工作选用玄武岩纤维作为加筋材料来改良黄土。本试验中采用的是郑州登电玄武石纤有限公司生产的合成玄武岩短切纤维，如图 2-4 所示，将连续玄武岩纤维经过膨化处理后，短切而成，玄武岩纤维具有优异的力学性能、稳定的化学性能和热学性能，是一种新型、无机、环保、绿色、高性能材料。玄武岩纤维基本物理力学参数见表 2-2。

图 2-4　玄武岩短切纤维

玄武岩纤维物理力学参数　　表 2-2

类型	直径 $D/\mu m$	抗拉强度 F_b/MPa	弹性模量 E/GPa	密度 $\rho/g \cdot cm^3$	断裂延伸率 $e/\%$	最高服役温度 ℃
单丝	7～15	3000～4800	91～110	2.63～2.65	2.1	650

2.2　试样制备

图 2-5　电动液压成型脱模机

2.2.1　试验制样设备

（1）电动液压成型脱模装置

本试验采用西安市亚星土木仪器有限公司研制生产的 YX-200 型电动液压成型脱模装置（图 2-5）。该装置主要由油泵、工作缸、立柱、支撑板、脱模定位板、成型板、试模等组成，如图 2-6 所示。仪器基本参数如下：最大荷载 22MPa；最大移动距离 250mm；电机功率 380V；电机额定转速 1400r/min；电机额定电流 2.01A；电机额定功率 750W；压力表 0～60MPa；油泵额定转速 1400r/min；油泵排量 1.25mL/r；油泵压力 31.5MPa。

（2）浆料搅拌机装置

本试验采用西安市亚星土木仪器有限公司生产的 BH-20 型浆料搅拌机（图 2-7）。仪器基本参数如下：搅拌机桶容积 20dm³；搅拌轴转速 0～700r/min；使用电压 380V、50Hz；电机功率 1.1kW；额定电流 7.8A；可有效将纤维均匀分散在土体中。

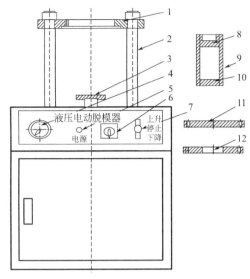

1—主机上板；2—主机立柱；3—主机托盘；4—压力表；
5—电源指示灯；6—方向旋钮；7—档杆；8—ϕ61.8试模上垫块；
9—ϕ61.8试模筒；10—ϕ61.8试模下垫块；11—成型模上顶板；
12—脱模上顶板

图 2-6 电动液压成型脱模装置示意图

图 2-7 浆料搅拌机装置

2.2.2 纤维加筋土制样

纤维加筋土制样的重要问题是如何解决纤维缠结，得到均匀分散的纤维土，如果纤维出现互相缠绕打结，将会影响土颗粒之间的有效黏结，降低土体强度的提升效果。目前加筋土的加筋方式主要为干式混合法，即将纤维和土料先混合搅拌均匀，再加水配到设置的含水率。对于聚丙烯等直径较大的纤维采用这种加筋方式分散效果较好，但直径在微米级别的玄武岩纤维，采用上述方法的加筋效果并不理想，土颗粒与纤维之间不能充分混合均匀，导致纤维在土体中聚集成团。因此本书采用湿式混合法来制备加筋土，湿式混合法是指将纤维和流塑状态的土体加入搅拌机来制备土-纤维混合物，这种方法能有效改善传统方法纤维团聚的不足。这是因为流塑状态的土体更易于搅拌，可以更好地将短切纤维分散成单丝状态。本研究通过预试验对两种加筋方法进行了比较，比较结果如图 2-8 所示。

由图 2-8 可知，干式混合法中纤维分布均匀性较差，有明显的团聚现象。湿式混合法的加筋效果明显更加均匀。此外，因重塑土样制备采用传统的分层击实法极大概率在分层击实处造成薄弱面的产生，影响纤维加筋土的制样效果，因此本书应用一次压样成型法完成试样制备，使用定制套筒模具进行装样，待装样完成后应用液压电动脱模器进行脱模完成试样制作。

湿式混合法的具体制样步骤如下：

（1）首先将试验所用黄土碾碎过 2mm 筛，将筛过的土样在烘箱中烘干 24h，确保土样充分干燥，烘干后的土样冷却 2h 后备用。

(a) 干式混合法

(b) 湿式混合法

图 2-8　两种加筋混合方法制样效果比较

　　（2）称量一定质量筛分过的干燥黄土和短切纤维，将土和纤维加入搅拌机中，逐渐加入水至混合物达到流塑状态，在 700r/min 转速下搅拌 5min，使纤维充分散开（图 2-9）。

　　（3）将流塑状态的土-纤维混合物平铺在铝盘中，放置于温度为 105℃烘箱中 24h，待混合物完全烘干后取出（图 2-10）。

图 2-9　纤维土搅拌混合

图 2-10　烘干后纤维土

　　（4）将烘干后的土样称重，按照 20% 含水率称取定量水，用喷壶将水均匀喷洒到土样表面（图 2-11），将制备好的土-纤维混合物用保鲜膜密封静置养护 24h，使水分充分扩散均匀（图 2-12）。

　　（5）在模具套筒内壁和上下垫块表面涂一层凡士林，先将制样套筒的下垫块装入套筒内，再将量取好的土样加入制样套筒内，注意加土过程中将土样捣实，防止整体压样过程出现不均匀现象，同时为上部留出足够空间加上垫块，装土完成后加入上部垫块，制样模具见图 2-13。

图 2-11　纤维土加湿

图 2-12　密封养护纤维土

图 2-13　制样模具

（6）将套筒整体置于液压电动脱模机上，安装好压样配件，启动液压机，将上部垫块压入套筒内，压入之后操控液压杆下降，更换顶盘，将土样脱出模具，制备好的土样用保鲜膜包裹好，并贴好标签备用。

2.2.3　干湿循环制样

为研究干湿循环对纤维加筋黄土耐久性的影响，本研究采取一种自行设计的人工增湿方法来制备干湿循环劣化试样，即海绵浸润法。该方法可以最大限度降低制样方法对纤维土表面结构的扰动。以下为海绵浸润法的操作流程：

首先人工制作孔洞均匀的带孔塑料薄膜，其具体形状及尺寸如图 2-14 所示。然后将带孔薄膜包裹在圆

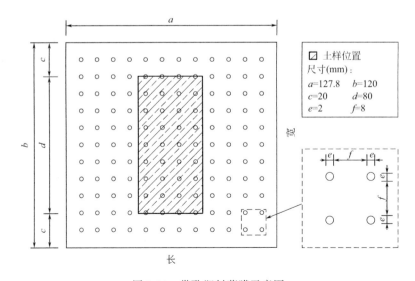

图 2-14　带孔塑料薄膜示意图

柱试样的侧面上，薄膜两端搭接长度为 0.5cm，并且使试样两侧的带孔薄膜均预留出一定长度。其次将中密海绵剪裁成矩形形状，其宽度不小于土样高度的 2 倍，长度与试样侧壁周长相等，将浸有水的海绵包在已包裹带孔塑料薄膜的圆柱试样的外侧，并按图 2-15 所示将两侧海绵进行接合。最后，在海绵外侧再包裹一层塑料薄膜来固定海绵的位置。海绵浸润法浸润试样时的俯视模型图及侧视实拍图分别如图 2-15、图 2-16 所示。

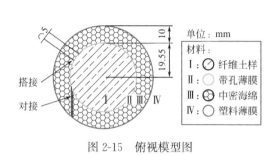

<table>
<tr><td>单位：mm</td></tr>
<tr><td>材料：</td></tr>
</table>

Ⅰ	◯	纤维土样
Ⅱ	◯	带孔薄膜
Ⅲ	◯	中密海绵
Ⅳ	◯	塑料薄膜

搭接　对接

图 2-15　俯视模型图　　　　　　　　　　　　图 2-16　侧视实拍图

按上述方法使土样浸润一段时间，通过实时称量试样质量来确定浸入的水质量。当质量接近目标值时，用滴管进行增湿，避免浸入水量超标，误差控制在 ±2% 以内。质量合格的试样用塑料薄膜包裹严密，以保持试样的含水率不变。

2.3　试验方案

本书采用微机控制岩土拉压试验机开展室内单轴压缩试验，得到不同纤维加筋条件及干湿循环次数作用后加筋黄土的应力-应变曲线。在确定单轴抗压强度值时，当曲线为应变软化时，取峰值点处的应力值为单轴抗压强度，当曲线为应变硬化时，取轴向应变为 15% 时的应力值为单轴抗压强度。

单轴压缩试验所用土样均为重塑土样，试样尺寸为小型三轴试样 39.1×80mm，含水率控制为 20%，干密度控制为 1.65g/cm³，根据《土工试验方法标准》GB/T 50123—2019 设定加载速率为 0.8mm/min。根据对前述文献的参考，纤维加筋黄土的强度提升主要与纤维含量和纤维长度有关。因此，本次试验利用本书第 2.2 节中的制样方式设置 3 个纤维长度（$L = 6$mm、12mm、18mm）、5 个纤维含量（$\eta = 0.0\%$、0.3%、0.6%、0.8%、1.0%）进行配置试样，寻找玄武岩纤维加筋黄土的最佳纤维长度和最优纤维含量。不同纤维长度的短切玄武岩纤维如图 2-17 所示。本研究中纤维含量和土体含水率均以干土的质量为基准计算。

纤维加筋黄土在工程实际中会受到环境气候变化的影响，其中影响最大的因素是土体内部含水率的变化，加筋黄土含水率频繁变化将直接导致其强度和变形特性的改变，故研究干湿循环对其强度和变形特性影响很有必要。本试验拟在最佳纤维长度下，配置玄武岩纤维含量为 0.0%、0.3%、0.6%、0.8%、1.0%的加筋土，利用海绵浸润法进行不同次数（$N=0$、1、2、5、10）干湿循环试验，探究纤维加筋黄土的干湿耐久性规律。

(a) $L=6$ mm   (b) $L=12$ mm   (c) $L=18$ mm

图 2-17　不同长度玄武岩短切纤维

2.3.1　单轴压缩试验

图 2-18　岩土拉压试验机

本试验采用的单轴压缩试验机是西安力创材料检测技术有限公司生产的微机控制岩土拉压试验机如图 2-18 所示。仪器基本参数如下：最大试验力 5kN；有效测力范围 10N～5kN；剪切速率 0.01～200mm/min；电源 220V、50Hz。

试验时首先将圆柱试样轻放于圆形平台的正中央，控制顶部传压板缓慢下降，在试样与传压板刚好接触后，将测力计调零。然后应用微机控制岩土拉压试验机检测软件控制轴向应变加载速率为 0.8mm/min 并开始加载，试验过程中数据由检测软件自动采集，待试验完成后导出试样的应力-应变曲线数据进行分析。

2.3.2　数字图像相关试验

为了探究纤维长度、纤维含量及干湿循环作用对加筋黄土表面变形破坏规律的影响，本试验在开展单轴压缩试验的基础上，设置玄武岩最佳纤维长度下各纤维含量（0.0%、0.3%、0.6%、0.8%、1.0%），最优纤维含量下各纤维长度（6mm、12mm、18mm），最优纤维含量下各干湿循环次数（0、1、2、5、10）及干湿循环 5 次时不同纤维含量（0.0%、0.3%、0.6%、0.8%、1.0%）四个系列，采用三维全场应变测量分析系统，结合数字图像相关技术（DIC），通过追踪土体表面的散斑图像，得到试样表面的主应变云图，分析纤维加筋黄土的表面变形规律。下面将对数字图像技术的基本原理、数字图像采集系统及试验方法作出详细介绍。

1. 数字图像相关法原理

数字图像相关法是一种通过对物体变形前后的两幅图片进行相关计算来求取物体位移

及变形的方法。其中的相关计算也就是求取两幅图像中对应点的方法，通俗地讲也就是图像匹配。在变形测量过程中，用 CCD 相机记录物体变形前后的两幅散斑图像，数字图像相关法预先定义一个数学标准（相关系数）来衡量两个区域的相似程度，然后通过搜索算法来寻找变形前后的两个对应点。

数字图像相关法的基本问题是对两个散斑图像进行相关计算，即变形前的参考图像和变形后的变形图像。如图 2-19 所示，其中一幅为参考图像，另外一幅为变形图像，在参考图像中，取以待匹配点 C 为中心的 $(2M+1)×(2M+1)$ 大小的矩形子图像作为参考子图像，在变形图像中，通过一定的搜索方法，并按照预先定义的相关系数进行相关计算，寻找与参考子图像相似度最大的以 C' 为中心的目标子图像，则点 C' 即为点 C 在变形图像中的对应点。

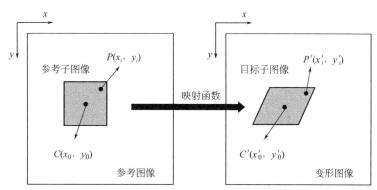

图 2-19　数字图像相关原理图

假设变形前图像上一点 P 的图像坐标为 $(x，y)$，变形后的其对应点 P' 的图像坐标为 $(x'，y')$，在物体只发生刚体位移的情况下，两点之间的映射关系为零阶映射函数：

$$\left.\begin{array}{l} x'=x+u \\ y'=y+v \end{array}\right\} \tag{2-1}$$

式中：u 为 x 方向的位移分量/像素；v 为 y 方向的位移分量/像素。

最简单的相关函数（最小距离平方和）可以定义为：

$$C_{SSD}(p)=\sum\sum[f(x，y)-g(x+u，y+v)]^2 \tag{2-2}$$

式中：$f(x，y)$ 为参考子图像中任一点 P 的灰度值；$g(x+u，y+u)$ 为 P 点在变形图像中的对应点 P' 的灰度值；p 为相关参数向量，取决于所用的映射函数 [式（2-1）]。

变形前的参考子图像中的像素点与变形后的目标子图像按照映射函数一一对应。在这里，假设被测物体发生的是均匀位移，也就是说参考子图像在变形前后的形状没有发生变化，则 $p=[u，v]$。

在实际情况下，上面的假设是不合理的。通常，物体受力产生变形时，不仅有简单的平移、转动，还会有伸缩、扭曲变形，因此，物体表面一点的坐标变化除了位移本身外，还需要考虑导数项，即变形后的坐标变化。于是有一阶映射函数如下：

$$\left.\begin{array}{l} x'=x+u+\dfrac{\partial u}{\partial x}\Delta x+\dfrac{\partial u}{\partial y}\Delta y \\[2mm] y'=y+v+\dfrac{\partial v}{\partial x}\Delta x+\dfrac{\partial v}{\partial y}\Delta y \end{array}\right\} \tag{2-3}$$

式中：u 为子图像中心点 C 变形后在 x 方向的位移；v 为子图像中心点 C 变形后在 y 方向的位移；$\frac{\partial u}{\partial x}$，$\frac{\partial u}{\partial y}$，$\frac{\partial v}{\partial x}$，$\frac{\partial v}{\partial y}$ 为参考子区域的位移梯度。

若采用一阶映射函数，则 $p = [u,\ u_x,\ u_y,\ v,\ v_x,\ v_y]$。在变形更为复杂的情况下，为了提高测量精度，还可以采用更为全面但计算也更为复杂的二阶映射函数：

$$
\left.
\begin{aligned}
x' &= x + u + \frac{\partial u}{\partial x}\Delta x + \frac{\partial u}{\partial y}\Delta y + \frac{1}{2}\frac{\partial u^2}{\partial x^2}\Delta x^2 + \frac{1}{2}\frac{\partial u^2}{\partial y^2}\Delta y^2 + \frac{\partial u}{\partial x}\frac{\partial u}{\partial y}\Delta x \Delta y \\
y' &= y + v + \frac{\partial v}{\partial x}\Delta x + \frac{\partial v}{\partial y}\Delta y + \frac{1}{2}\frac{\partial v^2}{\partial x^2}\Delta x^2 + \frac{1}{2}\frac{\partial v^2}{\partial y^2}\Delta y^2 + \frac{\partial v}{\partial x}\frac{\partial v}{\partial y}\Delta x \Delta y
\end{aligned}
\right\}
\tag{2-4}
$$

数字图像相关法就是通过求取相关系数 C_{SSD} 的极值来完成图像匹配，进而得到相应的位移、应变。

2. XTDIC 三维全场应变测量系统

本书采用新拓三维技术（深圳）有限公司研发的三维全场应变测量分析系统（XTDIC）开展纤维加筋黄土的数字图像测量试验。XTDIC 系统是一种光学非接触式三维变形测量系统，用于测量和分析物体的表面形貌、位移和应变，并得到三维应变场数据，测量结果直观显示。该系统利用两台高精度相机实时采集不同变形阶段的散斑图像，并利用数字图像相关算法（DIC）对物体表面的变形点进行匹配。根据各点的视差数据和标定前得到的相机参数，重建目标表面计算点的三维坐标；结合双目立体显微镜技术，实现了表面变形过程中三维坐标、位移场和应变场的测量。并通过比较每一变形状态测量区域内各点的三维坐标的变化得到物面的位移场，可计算得到物面应变场，实现变形过程中物体表面的三维坐标、位移及应变的动态测量，具有便携、快速、精确、操作方便等特点。

三维全场应变测量分析系统（XTDIC）由系统测量头（含两台高速工业相机、进口相机镜头，带万向手柄可调节 LED 光源）（图 2-20）、相机同步控制触发控制箱、系统标定板、系统可移动支撑架、动态采集分析软件、载荷加压控制通信接口、计算机系统等组成。

3. 散斑试样制备

在使用数字图像相关法测试纤维土表面变形时，其表面必须覆盖随机分布的散斑。将纤维土试样采用哑光白漆和哑光黑漆交替喷洒的方式，形成高反差人工散斑场（图 2-21），散斑图案作为变形信息载体与试件同步变形，便于后期进行图像处理，以获取全场位移信息。

图 2-20　数字图像采集设备

将制备好的散斑试样放置单轴压缩试验机上，并开启调试好 XTDIC 三维全场应变测量系统即可开始试验，如图 2-22 所示。

图 2-21　散斑试样

图 2-22　散斑试样数字图像采集试验

2.3.3　干湿循环试验

干湿循环试验通过控制不同温度来模拟自然环境下的温度变化，从而实现与自然环境下相似的土样损伤变化。试验采用上海索谱仪器有限公司生产的 DHG-9140（10/A）型电热恒温鼓风干燥箱对纤维加筋黄土进行干湿循环试验（图 2-23）。仪器基本参数如下：温度波动为 ±1℃；工作温度为 10～300℃；消耗功率 1500W；电源 220V、50Hz。

为模拟自然干湿循环过程，尽量减小温度变化幅度过大对试样结构性的扰动，综合考虑将环境温度设置为 45℃。干湿循环的具体过程为首先将制备的纤维土样放置于干燥箱内烘干（45℃下烘干 24h）；再采用本书第 2.2.3 节中的制样方式来加水，配制成与烘干前有相同含水量的纤维土样，放置于保湿缸内，静置 24h，使其水分均匀扩散，此为第一次干湿循环。反复上述操作可得到第二、第三……次干湿循环试样。

图 2-23　电热恒温鼓风干燥箱

2.4　试验结果与分析

2.4.1　应力-应变关系曲线

1. 纤维含量对应力-应变关系影响规律

为探究玄武岩纤维含量对加筋黄土应力-应变曲线的影响规律，图 2-24（a）～图 2-24（c）分别给出了纤维长度为 6mm、12mm、18mm 时不同纤维含量加筋黄土的应力-应变曲线。由图 2-24 可知，纤维加筋土应力-应变曲线均表现为应变软化型，试样在加载初期应力-应变曲线呈线性增长，曲线上升较快，无明显的压缩段。随着应变增加，应力-应变曲线增长减缓，达到峰值应力后曲线开始下降。具体来看，当试样轴向应变较小时（应变$\varepsilon<1\%$），素黄土（$\eta=0.0\%$）与纤维加筋黄土的关系曲线几乎吻合，当应变$\varepsilon>1\%$后，素黄土的应力增加速度逐渐变小，而玄武岩纤维加筋黄土的应力随着应变的增加继续增加，在应变接近2%时增速开始减小。随着应变继续增加，素黄土在达到峰值应力后，应力-应变曲线骤然下降，峰后残余应力较小；而纤维加筋黄土在达到峰值应力后，应力-应变曲线下降平缓，峰后残余应力较高。

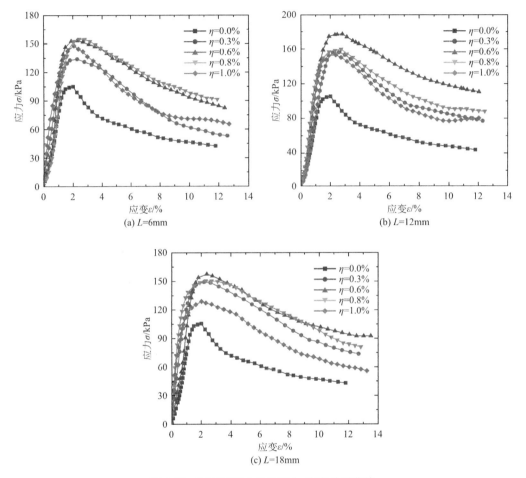

图 2-24　不同纤维含量下应力-应变关系曲线

　　分析原因：首先，这是由于在加载的初始阶段土颗粒与纤维的相对位移较小，此时纤维与土颗粒无明显的咬合摩擦力产生，荷载主要由土颗粒骨架承担，因此素黄土与纤维加筋黄土试样的应力-应变曲线没有明显的差异。随着应变的逐渐增加，土颗粒与纤维的相对位移增大，纤维与土颗粒的滑动摩擦力增大且土颗粒中的纤维网络可以抑制土体的压缩变形，此时纤维的加筋作用逐渐显现，因此纤维加筋黄土与素黄土应力-应变曲线的差异逐渐增加。其次，均匀分布的玄武岩纤维较好地阻止了剪切面的快速贯通，有效提高了其延性特征，因此纤维加筋土的峰后残余应力显著高于素黄土。另比较纤维含量对曲线影响时可知，在纤维长度一定时，纤维含量为 0.6％ 加筋黄土的应力-应变曲线基本分布在其余含量的曲线上方，显示出更加优良的改良效果。

2. 纤维长度对应力-应变关系影响规律

为探究纤维长度对应力-应变曲线的影响规律,图 2-25(a)~图 2-25(d)分别给出了纤维含量为 0.3%、0.6%、0.8%、1.0% 时不同纤维长度加筋黄土的应力-应变曲线。由图 2-25 可知,纤维含量一定时,纤维长度对加筋黄土的应力-应变曲线具有一定的影响。在轴向应变小于 1% 时,不同纤维长度的应力-应变曲线相差不大,纤维长度的影响并不显著,随着应变的增加,纤维长度的影响逐渐显现。通过比较不同纤维长度加筋黄土应力-应变曲线可以发现,纤维长度为 12mm 加筋黄土的应力-应变曲线基本分布在 6mm 和 18mm 的曲线上方,且其峰后段曲线下降相对较缓,显示出更加优良的改良效果。

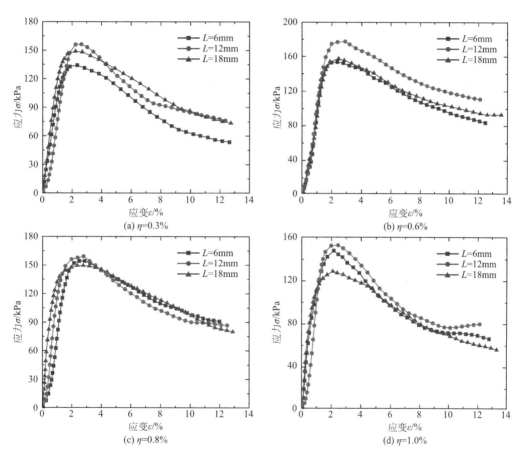

图 2-25 不同纤维长度下应力-应变关系曲线

3. 干湿循环次数对应力-应变关系影响规律

由图 2-24、图 2-25 可知,纤维含量和纤维长度对加筋黄土的强度及变形特性均有一定的影响。然而仔细比较上述试验结果可以发现,纤维含量对加筋黄土的影响较为显著,纤维长度的影响相对较小,为此本研究将确定的最佳纤维长度(L=12mm)作为恒定因素用于开展加筋黄土的耐久性研究。

目前,纤维加筋土的耐久性研究已取得了一定的成果,但在干湿耐久性方面仍研究较少,由于黄土特殊的地理位置及气候条件,开展纤维加筋黄土的干湿耐久性研究是十分必要的。为此,本书通过控制纤维含量和干湿循环次数研究了干湿循环效应对纤维加筋黄土单轴抗压特性的影响。图 2-26 为纤维含量一定时不同干湿循环次数下玄武岩纤维加筋黄土的应力-应变关系曲线。由图 2-26 可见,干湿循环作用对加筋黄土的应力-应变曲线形态无明显影响,曲线均表现为应变软化特征。随着干湿循环次数的增加,加筋黄土的曲线逐渐向下移动。相应地,加筋黄土的峰值应力均随着干湿循环次数的增大而减小,干湿循环的损伤劣化效应明显。这是因为反复的干缩和湿胀作用会造成骨架中黄土颗粒的重新排

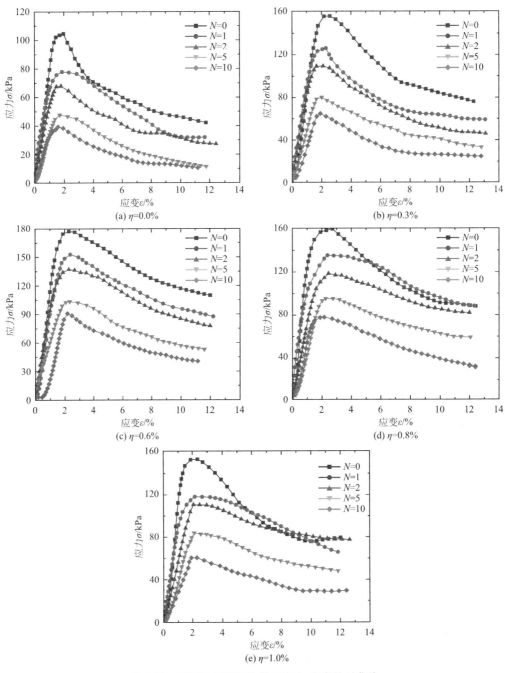

图 2-26　不同干湿循环次数下应力-应变关系曲线

列，诱发孔隙和微裂隙的产生，孔隙和微裂隙随干湿循环次数增加逐渐发展，最终导致加筋土的抗压能力逐渐降低。

4. 干湿循环作用下纤维含量对应力-应变关系影响规律

为了研究干湿循环效应下纤维含量对加筋黄土干湿耐久性的影响，图 2-27 给出了干湿循环次数一定时不同纤维含量条件下玄武岩纤维加筋黄土的应力-应变关系曲线。由图 2-27 分析可知，不同纤维含量应力-应变曲线在干湿循环前后呈现出相似的规律，随着轴向应变的增加，素黄土和纤维加筋黄土关系曲线出现先增大后减小的现象，其应力-应变关系相应表现出了明显的应变软化特征。当应变 ε<1％时，素黄土与纤维加筋黄土的应力-应变曲线差距很小，随着应变增加，素黄土的应力增加速度逐渐变小，而玄武岩纤维加筋黄土在应变 ε＞1％后，应力随着应变的增加仍快速增长，应变在约达到 2％后增长幅度才逐渐减小。且对比观察不同干湿循环次数后素黄土和纤维加筋黄土的峰值点可以发现，纤维加筋黄土的峰值应变稍大于素黄土，说明干湿循环效应下纤维加筋提高了黄土的抗变形能力。此外，当干湿循环次数一定时，对比不同纤维含量的应力-应变曲线可知，纤维掺量为 0.6％加筋黄土的曲线基本分布在其余含量的曲线上方，即纤维掺量为 0.6％时纤维加筋黄土抵抗干湿循环劣化效应的效果最佳。

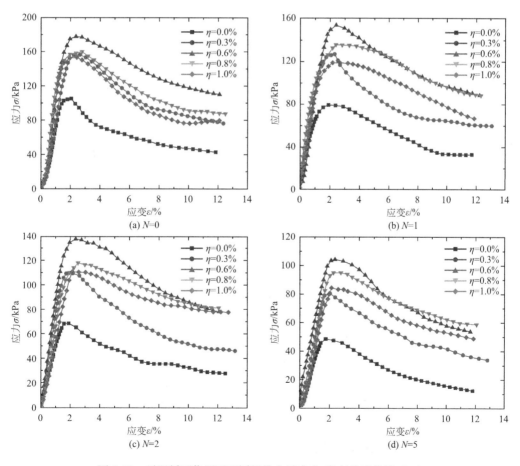

图 2-27 干湿循环作用下不同纤维含量应力-应变关系曲线（一）

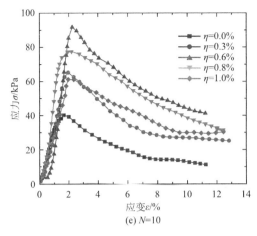

(e) $N=10$

图 2-27　干湿循环作用下不同纤维含量应力-应变关系曲线（二）

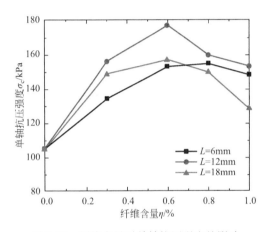

图 2-28　纤维含量对单轴抗压强度的影响

2.4.2　单轴抗压强度

1. 纤维含量对单轴抗压强度影响规律

由图 2-24 可见，所有试样应力-应变曲线均为应变软化型，为了直观研究纤维添加对黄土强度变化的影响，取各关系曲线峰值点作为单轴抗压强度，分析纤维添加对黄土单轴抗压强度的影响，试验结果如图 2-28 所示。

由图 2-28 可见，素黄土（$\eta = 0.0\%$）的单轴抗压强度最低，为 105kPa，添加不同含量玄武岩纤维后黄土的单轴抗压强度均有明显的提升。纤维长度一定时，加筋黄土的单轴抗压强度随纤维含量增加呈现先增大后减小的变化趋势。例如，纤维长度为 12mm 时，纤维含量为 0.3% 加筋黄土的抗压强度为 156kPa；当纤维含量由 0.3% 增加到 0.6% 时，抗压强度增加至 177kPa；然而，当纤维含量继续增加至 0.8% 时，抗压强度降低为 159kPa；纤维含量为 1.0% 时，抗压强度继续下降，为 152kPa。纤维加筋黄土单轴抗压强度随纤维含量先增后减的现象表明，纤维加筋在提高黄土强度方面存在最优纤维含量，当纤维含量大于最优纤维含量时，其加筋效果弱化，抗压强度降低，本研究中的最优纤维含量为 0.6%。

分析原因：当黄土中掺入玄武岩纤维，且纤维含量适当增大时，随机掺入的纤维在土中分布均匀，可以很好地联锁成纤维网络，试样在施加荷载时纤维网络可以有效地限制土颗粒滑移，约束土体变形，此时纤维的抗拉强度可有效发挥，因此提高了其强度。然而，当纤维含量较高时，纤维在土中分布均匀性降低，易造成纤维团聚，密集的纤维网络会导致薄弱面产生。施加荷载时试样会沿着薄弱面先行破坏，导致纤维抗拉强度无法发挥，试样单轴抗压强度减小。

2. 纤维长度对单轴抗压强度影响规律

由图 2-25 可知纤维长度对加筋土强度也有一定的影响，对此取各关系曲线的峰值点作为单轴抗压强度值进行分析,其关系曲线如图 2-29 所示。由图 2-29 可知,纤维含量一定时,加筋土的单轴抗压强度值随纤维长度的增加,呈现出先增后减的变化规律。例如,纤维含量为 0.6% 时,纤维长度 6mm 加筋土的单轴抗压强度为 153kPa;当纤维长度增加到 12mm 时,抗压强度增加,为 177kPa;然而当纤维长度继续增加至 18mm 时,抗压强度降低为 156kPa。纤维长度为 12mm 时的抗压强度均大于其余长度,说明该纤维长度为最佳长度值。分析原因:纤维长度较小时,土样变形幅度大于纤维长度,故纤维易在加载中被拔出,无法有效连接变形的土体,加筋土强度增加有限;随纤维长度增加,纤维的弯曲会形成交织网络,在外荷载作用时交织的纤维网络可以有效约束土颗粒间的分离和滑动,且试样变形时纤维网络与土体摩擦作用增加,因此黄土的单轴抗压强度得到显著增加;然而,当纤维长度较大时,纤维在土体内部容易纠缠打结,纤维交织效果及纤维网络与土体的摩擦作用减弱,试样抵抗变形的能力降低,故而强度下降。

3. 干湿循环次数对单轴抗压强度影响规律

为研究干湿循环对加筋土单轴抗压强度的影响,取图 2-26 各曲线峰值点作为单轴抗压强度进行分析,其关系曲线如图 2-30 所示。由图 2-30 可知,随着干湿循环次数的增加,素黄土与不同纤维含量加筋黄土的单轴抗压强度都在降低,但加筋黄土的单轴抗压强度均高于素黄土。此外,试样土在干湿过程中其单轴抗压强度衰减的趋势在逐渐变缓。在干湿循环作用初期单轴抗压强度衰减明显,随着干湿循环次数的增加衰减逐渐变缓并趋于稳定,表明前几次干湿循环对黄土结构的劣化影响较大,干湿循环后期其结构基本趋于稳定。分析原因:在经历干湿循环的过程中,土体受到水分蒸发、入渗和迁移的影响,土颗粒排列重组,最终导致试样内部孔隙和微裂隙的产生,并且在前几次干湿循环时土体内部孔隙和裂隙发育明显,内部结构变化大,因此其强度下降明显,而在干湿循环后期土体结构基本趋于稳定,因此其单轴抗压强度也将趋于稳定。

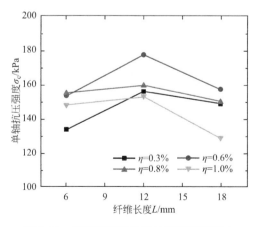

图 2-29　纤维长度对单轴抗压强度的影响

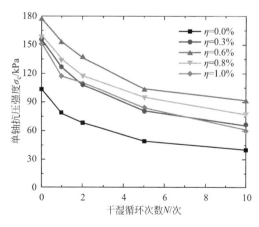

图 2-30　干湿循环次数对单轴抗压强度的影响

4. 干湿循环作用下纤维含量对单轴抗压强度影响规律

图 2-31 为干湿循环作用下纤维含量对加筋土单轴抗压强度的影响曲线。由图 2-31 可知,当干湿循环次数一定时,纤维加筋黄土的单轴抗压强度均随纤维含量的增加呈现先增

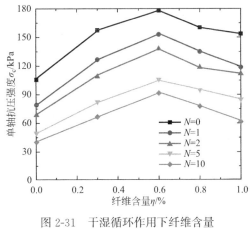

图 2-31 干湿循环作用下纤维含量
对单轴抗压强度的影响

后减的演化规律，纤维含量 0.6％时加筋效果最好。对比加筋黄土干湿循环前后的结果可知，干湿循环对纤维加筋黄土最优纤维含量的确定无影响，即加筋黄土在最优纤维含量时抵抗干湿循环的效果最好。分析原因：当纤维较少时，与素黄土相似，加筋土体易受到干湿循环作用对其内部结构的影响，强度劣化明显；随纤维含量增加，土体中随机分布的纤维网络可以抑制土体的开裂，提高其抗干湿循环的能力；然而当纤维含量较高时，团聚的纤维会造成薄弱面的产生，干湿循环过程中薄弱面内的水分蒸发、迁移作用明显，结构破坏严重，因此其抵抗干湿循环

的能力下降。

2.4.3 破坏应变

根据纤维加筋土的研究可知纤维加筋可以提高土的塑性，且加筋黄土的塑性特征可由试样达到峰值应力时的应变来反映，因此本节选取峰值应力相应的应变定义为破坏应变，研究纤维添加对黄土塑性特征的影响规律。

1. 纤维含量对破坏应变影响规律

由图 2-24 取曲线峰值点对应的应变值作为破坏应变，分析纤维含量对破坏应变的影响，其关系曲线如图 2-32 所示。由图 2-32 发现，素黄土的压缩破坏应变最小，为 2.02％；纤维添加后黄土的破坏应变明显提高，随着纤维含量增加，加筋黄土的破坏应变先增大后减小，纤维含量 0.6％时破坏应变最高，这与加筋土单轴抗压强度的变化规律一致。破坏应变的结果表明纤维添加可以增强土体抵抗变形的能力，但同时存在最优纤维含量（$\eta = 0.6\%$），最优纤维含量时纤维在黄土中更容易出现弯曲段和交织网络，协调土体的变形，此时纤维对加筋土体的整体性、抗变形能力的补强效果提升最为显著。

2. 纤维长度对破坏应变影响规律

图 2-33 为纤维长度对加筋土破坏应变的影响曲线。由图 2-33 可知，当纤维含量一定时，加筋土的压缩破坏应变随着纤维长度的增加先增大后减小，纤维长度 12mm 时破坏应变最大，表明加筋土在该纤维长度时的抵抗变形能力最强。分析原因：纤维长度较小时，纤维网络的搭接较小，土体加载过程中纤维网络不能有效抑制土颗粒的滑移，土体破坏应变小；随纤维长度增加，纤维网络的搭接效果提升，因而其抵抗变形能力增加，破坏应变增大；然而，纤维长度过长时，纤维的纠缠作用降低了纤维网络的均匀性，导致其抵抗变形能力下降，破坏应变减小。

3. 干湿循环次数对破坏应变影响规律

由图 2-26 取曲线峰值点对应的应变值作为破坏应变，分析干湿循环次数对破坏应变的影响，其关系曲线如图 2-34 所示。由图 2-34 可知，纤维含量一定时，破坏应变随干湿

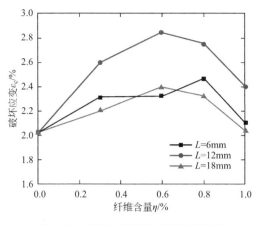

图 2-32　纤维含量对破坏应变的影响

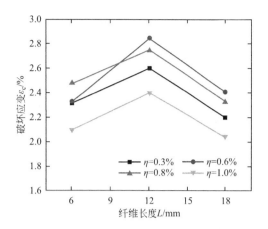

图 2-33　纤维长度对破坏应变的影响

循环次数增加具有一定的波动趋势，但整体呈逐渐减小的变化规律。此外，在干湿循环初期，加筋土的破坏应变下降较为明显，随干湿循环发展破坏应变的下降趋势变缓。分析原因：加筋土在干湿循环的过程中，土体内部受到水分蒸发、入渗和迁移的影响，试样内部出现一定的孔隙和贯通裂隙，因此其抵抗变形能力减弱，破坏应变减小；但在干湿循环达到一定次数时，加筋土的微观结构基本趋于稳定，干湿劣化效应减弱，因此其破坏应变下降变缓。

4. 干湿循环作用下纤维含量对破坏应变影响规律

图 2-35 为干湿循环作用下纤维含量对加筋土破坏应变的影响曲线。由图 2-35 可知，在经历不同干湿循环次数后，纤维加筋黄土的破坏应变随纤维含量增加均呈现出先增大后减小的趋势。除干湿循环 2 次时纤维含量 0.8％时的破坏应变最大外，纤维含量为 0.6％时的破坏应变整体大于其他含量，说明纤维含量为 0.6％时加筋黄土抵抗变形的能力最强，这与未干湿加筋黄土破坏应变（图 2-32）随纤维含量变化的规律一致，再次表明 0.6％为该试验黄土的最优纤维含量。

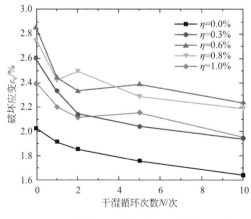

图 2-34　干湿循环次数对破坏应变的影响

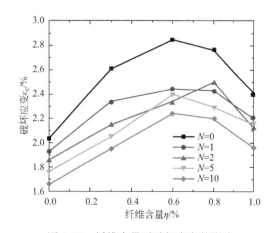

图 2-35　纤维含量对破坏应变的影响

2.4.4 纤维加筋效果和耐久性分析

1. 单轴压缩加筋效果分析

为进一步分析纤维添加对加筋黄土单轴抗压强度加筋效果的影响，通过引入一个无量纲的参数加筋系数 R 来研究纤维的加筋效果，定义为加筋土与素黄土单轴抗压强度的比值，其公式如（2-5）所示：

$$R = \frac{\sigma_c^R}{\sigma_c} \tag{2-5}$$

式中：R 为加筋系数，σ_c^R 为加筋土的单轴抗压强度值，σ_c 为素黄土的单轴抗压强度值。依据公式可知，素黄土时加筋系数 R 等于 1。

根据纤维加筋黄土的单轴抗压强度（图 2-28、图 2-29）及式（2-5）即可计算得到试样的加筋系数。图 2-36 给出了纤维加筋黄土的加筋系数结果，图 2-36（a）、图 2-36（b）分别表示纤维含量、纤维长度对加筋效果影响。从图 2-36 可以看出，加筋系数随纤维含量及纤维长度先增大后减小，纤维含量为 0.6%，纤维长度为 12mm 时加筋系数为 1.69。然而纤维含量为 1.0%，纤维长度为 18mm 时加筋系数最小，仅为 1.22，加筋效果减弱。加筋系数与单轴抗压强度的结果表明纤维含量与纤维长度共同影响着纤维的加筋效果，在实际应用中应当合理考虑。

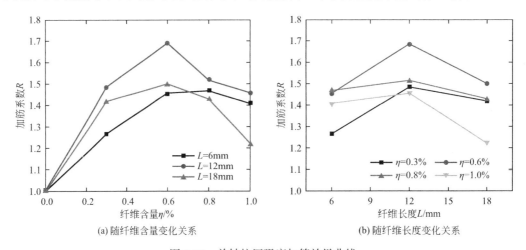

(a) 随纤维含量变化关系　　　　　　　(b) 随纤维长度变化关系

图 2-36　单轴抗压强度加筋效果曲线

2. 单轴压缩加筋效果预测模型

根据图 2-36 可知，纤维加筋黄土的加筋效果与纤维含量、纤维长度之间具有一定的变化规律，因此可通过拟合方法建立加筋系数与纤维含量、纤维长度的函数关系。为此，首先将加筋系数 R 与纤维含量进行拟合。根据图 2-36（a）可以发现，纤维加筋土的加筋系数与纤维含量之间的关系可以用抛物线函数进行描述，如式（2-6）所示：

$$R = a\eta^2 + b\eta + c \tag{2-6}$$

式中：a、b、c 均为拟合参数。

表 2-3 给出了不同纤维长度下加筋系数的拟合参数结果，R^2 均达到 0.96 以上，显示出良好的拟合效果。为进一步考虑纤维长度的影响，以表 2-3 中的参数为已知值，对其进

行拟合。

拟合参数　　　　　　　　　　　　　　　　　　　　　　表 2-3

参数	纤维长度 L/mm		
	6	12	18
a	-0.8226	-1.6237	-1.5938
b	1.2482	2.0375	1.8047
c	0.9918	1.0105	1.0057
R^2	0.99	0.96	0.99

通过拟合发现，参数 a、b、c 与纤维长度之间的关系可以用下面的函数进行描述：

$$a = a_1 L^2 + a_2 L + a_3 \tag{2-7}$$

$$b = b_1 L^2 + b_2 L + b_3 \tag{2-8}$$

$$c = c_1 L^2 + c_2 L + c_3 \tag{2-9}$$

式中，a_1、a_2、a_3、b_1、b_2、b_3、c_1、c_2、c_3 均为拟合参数，见表 2-4，R^2 均超过 0.99，拟合效果良好。

参数 a、b、c 的拟合结果　　　　　　　　　　　　表 2-4

a	a_1	a_2	a_3	R^2
	0.01154	-0.34131	0.80976	0.99
b	b_1	b_2	b_3	R^2
	-0.0142	-0.3871	-0.56336	0.99
c	c_1	c_2	c_3	R^2
	-0.0003	-0.00897	0.9497	0.99

将式（2-7）～（2-9）代入式（2-6）中，即可得到考虑纤维长度及纤维含量的加筋系数 R 多变量预测模型：

$$R(\eta, L) = (0.0015L^2 - 0.3413L + 0.8098)\eta^2 - (0.0142L^2 + 0.3871L + 0.5634)\eta - 0.0003L^2 - 0.0090L + 0.9497 \tag{2-10}$$

在上述拟合过程中，R^2 均达到 0.96 以上，拟合相关性良好。表明该多变量预测模型可以较好地预测纤维加筋黄土的加筋系数随纤维含量和纤维长度变化的规律。

3. 干湿循环损伤效应分析

单轴抗压强度是土体强度的重要指标，纤维加筋黄土的干湿耐久性为土体经历干湿循环后抵抗损伤的能力。为进一步研究干湿循环作用对纤维加筋黄土单轴抗压强度的影响，基于损伤力学理论，定义干湿损伤度 D_N，公式如（2-11）所示：

$$D_N = \left(1 - \frac{\sigma_{cN}}{\sigma_{c0}}\right) \times 100\% \tag{2-11}$$

式中：D_N 为干湿损伤度，σ_{cN} 为经历干湿循环 N 次后的单轴抗压强度值，σ_{c0} 为未干湿循环的单轴抗压强度值。

根据干湿循环作用下纤维加筋黄土的单轴抗压强度（图 2-30）及式（2-11）计算得出

加筋土的干湿损伤度，分析干湿循环作用对加筋土损伤程度的影响，结果如图 2-37 所示。

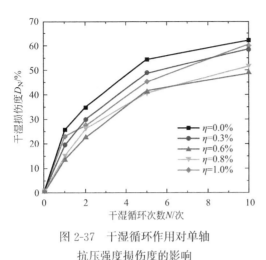

图 2-37　干湿循环作用对单轴抗压强度损伤度的影响

由图 2-37 分析可知，损伤度随着干湿次数的增加逐渐升高，但是其增长速率则具有差异性，在干湿循环前期增长速率较大，随着干湿循环次数的增加速率越来越小。这是由于在干湿循环初期，干湿循环效应引起的干缩和湿胀作用对土体微观结构的影响明显，随着干湿循环的进行，试样微观结构逐步趋于稳定。此外，纤维加筋黄土的干湿损伤度均小于素黄土，说明纤维加筋提高了黄土抵抗干湿作用的能力。在最优纤维含量 0.6% 时，干湿循环效应对其损伤劣化的影响最小。这是由于在最优纤维含量时，纤维在土颗粒中的分布均匀，加载过程中纤维网络可以更好地协调试样的变形。

4. 干湿循环损伤度预测模型

从上述研究结果可以发现纤维加筋黄土的损伤度随干湿循环次数、纤维含量的变化规律较明显。基于此，对上述试验数据进行多变量拟合，以得出干湿循环损伤度的多变量预测模型。为此，首先分析纤维加筋黄土损伤度与干湿循环次数之间的关系。根据图 2-37 可知，纤维加筋黄土损伤度 D_N 与干湿循环次数之间的关系可采用指数函数进行描述，如式（2-12）所示：

$$D_N = a + b e^{N/c} \tag{2-12}$$

式中：a、b、c 均为拟合参数。

表 2-5 给出了不同纤维含量下干湿损伤度的拟合参数结果。从表中可以看出，参数 a、b、c 均随着纤维含量的变化而变化。进一步考虑纤维含量的影响，以表 2-5 中的参数为已知值，对其进行拟合分析。

拟合参数　表 2-5

参数	纤维含量 $\eta/\%$				
	0.0	0.3	0.6	0.8	1.0
a	62.1510	53.8898	51.4248	53.1666	61.8919
b	-61.1238	-55.3040	-51.6295	-52.5604	-59.2437
c	-2.2916	-2.8705	-3.2288	-3.1318	-3.4137
R^2	0.99	0.99	0.99	0.99	0.98

通过拟合发现，参数 a、b、c 与纤维含量之间的关系可以用下面的函数进行描述：

$$a = a_1 \eta^2 + a_2 \eta + a_3 \tag{2-13}$$

$$b = b_1 \eta^2 + b_2 \eta + b_3 \tag{2-14}$$

$$c = c_1 + c_2 e^{\eta/c_3} \tag{2-15}$$

式中：a_1、a_2、a_3、b_1、b_2、b_3、c_1、c_2、c_3 均为拟合参数，见表 2-6。

参数 *a*、*b*、*c* 的拟合结果　　　　　　　　　　表 2-6

	a_1	a_2	a_3	R^2
a	43.3953	−44.7766	62.5449	0.97
	b_1	b_2	b_3	R^2
b	−32.3382	35.6343	−61.6974	0.95
	c_1	c_2	c_3	R^2
c	−3.4623	1.1679	−0.4425	0.96

将式（2-13）～（2-15）代入式（2-12）中，即可得到考虑干湿循环次数及纤维含量的干湿损伤度 D_N 的多变量预测模型：

$$D_N = (43.3953\eta^2 - 44.7766\eta + 62.5449) + (-32.3382\eta^2 + 35.6343\eta - 61.6974)e^{N/(-3.4623+1.1679e^{N/-0.4425})}$$

(2-16)

在上述拟合过程中，R^2 均达到 0.95 以上，拟合相关性较好，证明该多变量预测模型可以较好地预测纤维加筋黄土随纤维含量和干湿循环次数变化的变化规律。

2.4.5　数字图像相关方法（DIC）测量结果分析

1. 加载过程 DIC 测量结果

以往关于纤维土的研究中，学者们往往是通过比较破坏照片来分析纤维添加对土体破坏特征的影响。然而纤维加筋土在加载过程中的破坏特征还未见报道，这对纤维加筋土的工程应用至关重要。为了研究加筋土试样在加载过程中不同时刻破坏形态和表面轴向应变场的变化规律，选取纤维含量为 0.6%，纤维长度为 12mm 的纤维加筋土，给出其不同加载时刻 DIC 测量结果以及应力-应变曲线，如图 2-38～图 2-40 所示。

(a) t=0s　　(b) t=75s　　(c) t=150s　　(d) t=225s

图 2-38　不同加载时刻下的变形破坏图像（一）

(e) t=300s   (f) t=480s   (g) t=660s

图 2-38　不同加载时刻下的变形破坏图像（二）

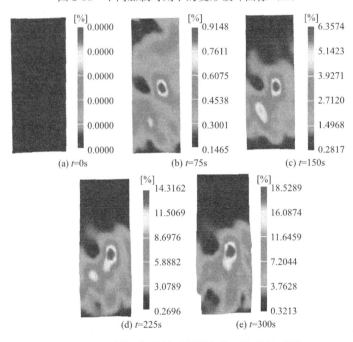

(a) t=0s   (b) t=75s   (c) t=150s

(d) t=225s   (e) t=300s

图 2-39　不同加载时刻下的轴向表面应变场云图

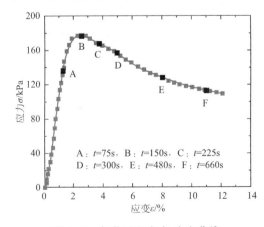

A：t=75s，B：t=150s，C：t=225s
D：t=300s，E：t=480s，F：t=660s

图 2-40　加载过程应力-应变曲线

由以上可知，随着加载时间的进行，纤维加筋土展现出明显的鼓胀破坏。当加载时间为 75s 时（A 点），数码照片中试样无明显变形，这一加载过程中应力随应变呈直线上升，表明试样处于弹性变形阶段，但表面应变场中部出现了明显的应变集中区域。当加载时间为 150s 时（B 点），数码照片中试样开始鼓胀，应力随应变上升开始减缓，表明试样进入了塑性阶段，此时试样表面应变场沿着之前的应变集中区域进一步增加，大应变区域与试样照片中的鼓胀区域保持一致，主要集中于试样的中下部。当加载时间继续增加至 225s 和 300s 时（C 点和 D 点），试样照片中鼓胀变形进一步增加，应力随应变开始下降，试样进入破坏阶段，表面应变场应变继续增大。当加载时间超过 300s 后，由于试样表面散斑脱落，故试样的表面应变场无法有效采集。随着加载时间继续增加，根据破坏照片以及应力-应变曲线可知，试样下部出现了明显的鼓胀裂缝，但随着裂缝的发展，纤维加筋土的峰后应力下降缓慢，仍可以承受一定的荷载，这表明纤维的联结作用显著提高了黄土的峰后残余响应。此外，通过比较不同加载时刻的表面应变场可知，试样在加载后期上部变形较小，变形主要发生于加载初期的大应变集中区域。

2. 纤维含量对 DIC 测量结果影响规律

根据上述试验结果可知，所有加筋土试样的破坏应变均小于 3%（图 2-32），且由于试验加载后期表面应变场无法有效采集，故统一选取应变为 5%时（300s）的 DIC 测量结果进行分析，研究不同纤维条件下纤维加筋黄土的破坏形态及表面应变场特征。图 2-41 给出了纤维长度为 12mm 不同纤维含量的纤维加筋黄土加载至 300s 时的 DIC 测量结果。

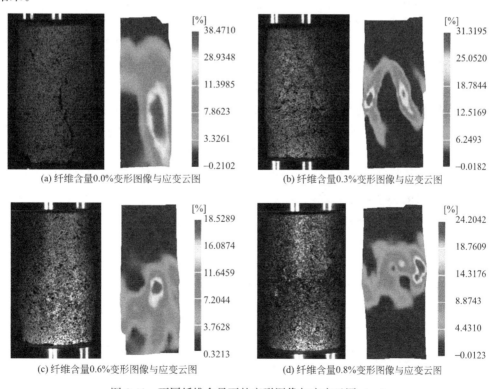

(a) 纤维含量0.0%变形图像与应变云图　　　　(b) 纤维含量0.3%变形图像与应变云图

(c) 纤维含量0.6%变形图像与应变云图　　　　(d) 纤维含量0.8%变形图像与应变云图

图 2-41　不同纤维含量下的变形图像与应变云图（一）

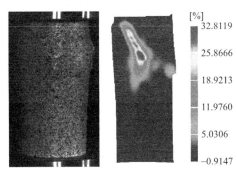

(c) 纤维含量1.0%变形图像与应变云图

图 2-41　不同纤维含量下的变形图像与应变云图（二）

由破坏照片可以看出，素黄土出现了明显的裂纹，表现为压裂破坏，而纤维加筋黄土的破坏形态为鼓胀破坏，纤维添加显著影响了黄土的破坏形态。通过进一步对纤维加筋黄土的表面应变场分析可知，300s 时加筋土试样表面应变场的最大轴向应变随着纤维含量的增加先减小后增大。素黄土在裂纹发展区域出现了明显的大应变条带，试样表现出脆性破坏特征。当纤维含量为 0.3％时，加筋土试样的表面应变场出现了两条大应变条带，但应变场最大轴向应变开始减小，为脆性破坏与延性破坏的过渡状态；当纤维含量为 0.6％时，加筋土表面应变场的应变分布面积较大，应变发展主要集中于试样的下半段，试样的最大轴向应变继续减小，表现出明显的延性破坏特征；当纤维含量为 0.8％时，加筋土表面应变场的中部出现应变集中区域，试样的最大轴向应变增大，出现在试样的中部右端，根据破坏照片可知试样在此区域有开裂的趋势，试样仍表现出塑性破坏特征；当纤维含量为 1.0％时，加筋土应变场的上端出现了明显的剪切破坏条带，试样的最大轴向应变增大，表现出剪切破坏特征，这可能是由于纤维集聚形成的软弱面引起的。综合分析可知，纤维添加可以提高黄土的塑性特征，但塑性大小（塑性变形能力）与纤维含量有直接关系。随着纤维含量增加，黄土的塑形特征明显提高，在最优纤维含量时，纤维网络对土颗粒的联结作用最好，因此试样的单轴抗压强度也最大（图 2-28）。但当纤维含量继续增加，纤维的集聚容易造成软弱面的产生，试样沿软弱面提前破坏，造成其强度的降低。

3. 纤维长度对 DIC 测量结果影响规律

图 2-42 给出了纤维含量为 0.6％时不同纤维长度的纤维加筋黄土加载至 300s 时的 DIC 测量结果，分析纤维长度对加筋土破坏形态及表面应变场的影响规律。由图 2-42 可以看出，不同纤维长度加筋土的破坏形态均为鼓胀破坏。通过对试样的表面应变场进一步分析可知，试样的最大轴向应变随着纤维长度增加先减小后增大，但数值相差不大，纤维长度 12mm 时最大轴向应变最小，表明纤维长度对加筋土表面应变场的影响较小。此外，通过比较试样表面应变场的大应变面积占比可知，纤维长度为 12mm 的试样大应变面积占比最大，表明此时纤维加筋黄土的整体变形更加均匀，因此表面应变场中试样的最大轴向应变最小，此时纤维网络可以最大限度地发挥其联结作用，因此该纤维长度下加筋土试样的无侧限抗压强度最大。

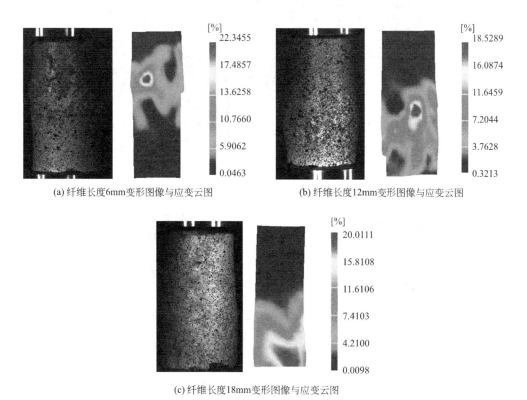

(a) 纤维长度6mm变形图像与应变云图   (b) 纤维长度12mm变形图像与应变云图

(c) 纤维长度18mm变形图像与应变云图

图 2-42 不同纤维长度下的变形图像与应变云图

2.4.6 干湿循环作用下数字图像相关方法（DIC）测量结果分析

1. 加载过程 DIC 测量结果

相似地，为研究干湿循环条件下纤维加筋土加载过程中的破坏形态，本书选取干湿循环 5 次，纤维含量为 0.6%的纤维加筋黄土，分析其变形照片及表面轴向应变场随加载过程的演化规律，如图 2-43～图 2-45 所示。

(a) t=0s   (b) t=75s   (c) t=150s   (d) t=225s

图 2-43 干湿作用下不同加载时刻下的变形破坏图像（一）

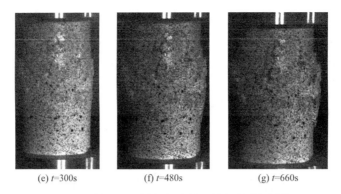

(e) *t*=300s   (f) *t*=480s   (g) *t*=660s

图 2-43　干湿作用下不同加载时刻下的变形破坏图像（二）

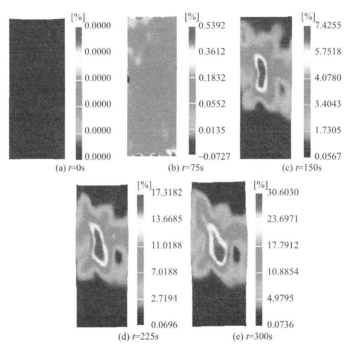

图 2-44　干湿作用下不同加载时刻下的轴向表面应变场云图

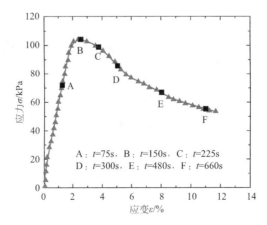

图 2-45　干湿作用下加载过程应力-应变曲线

由图 2-43～图 2-45 可知，随着加载时间的进行试样中部逐渐鼓胀变形，最终表现出明显的鼓胀破坏特征。当加载至 75s 时（点 A，$\varepsilon = 1.25\%$），变形照片几乎无变化且表面应变场应变均匀，此时其应力-应变曲线呈直线上升，表明试样处于弹性变形阶段。当加载至 150s 时（点 B，$\varepsilon = 2.5\%$），变形照片仍无明显变化，但应变场中部出现应变集中区域，此时试样近似位于峰值应力状态，表明试样处于临界状态。当加载时间增加至 225s 及 300s（点 C，$\varepsilon = 3.75\%$ 和点 D，$\varepsilon = 5\%$）时，变形照片鼓胀开始显现，应变场应变沿着之前的应变集中区域向四周发展且数值增加，应力-应变曲线开始下降，表明试样开始发生破坏。随加载时间继续增加，变形照片中试样鼓胀逐渐增加但变形速度缓慢，如曲线的 DF 段，表明纤维加筋很好地提升了土体的延性特征。然而，由于试样表面土颗粒掉落导致散斑脱落，故试样的表面应变场不能有效采集。此外，可以发现较变形照片而言，采用数字图像相关法可以更早地识别出试样的破坏位置，这对于识别加筋结构物的破坏是十分有利的。

2. 干湿循环次数对 DIC 测量结果影响规律

根据干湿循环条件下加筋土加载过程的分析可知，在加载后期试样表面散斑脱落会导致试样应变场无法有效采集，故统一选取加载时间为 300s 时的变形照片及表面轴向应变场来分析干湿循环对加筋土破坏形态的影响。图 2-46 给出了纤维含量为 0.6% 时不同干湿循环次数加筋土试样的 DIC 测量结果。由变形照片可知，试样在前 5 次干湿循环后均为鼓胀破坏，但变形差异较小；干湿循环 10 次后转变为压裂破坏，具有明显的贯通裂纹，很好地揭示了其应力-应变曲线峰后陡然下降的原因，如图 2-27（e）所示。通过对比表面应

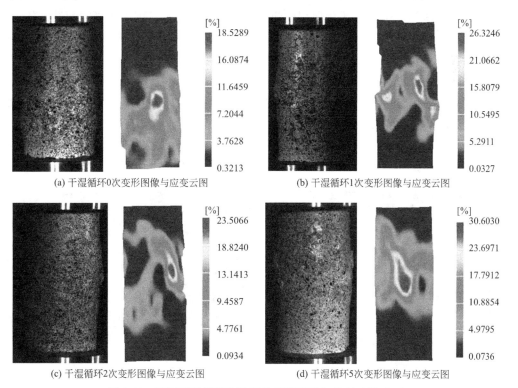

(a) 干湿循环0次变形图像与应变云图   (b) 干湿循环1次变形图像与应变云图

(c) 干湿循环2次变形图像与应变云图   (d) 干湿循环5次变形图像与应变云图

图 2-46 不同干湿循环次数下的变形图像与应变云图（一）

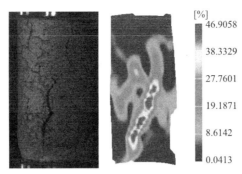

(e) 干湿循环10次变形图像与应变云图

图 2-46 不同干湿循环次数下的变形图像与应变云图（二）

变场与变形照片可以发现，试样表面应变场应变集中区域与变形照片一致，很好地识别了加筋土的破坏位置。应变场最大应变值随干湿循环次数增加整体呈增大的趋势，反映了干湿循环对加筋土结构显著的劣化作用。上述结果表明在干湿循环初期纤维加筋可以有效抵抗其劣化效应，但随着干湿循环次数增加，加筋效果逐渐衰减，试样破坏模式发生转变。结合应变场与单轴抗压强度可以发现，干湿循环不仅对加筋土的强度具有劣化作用，对加筋土的破坏模式也有影响，因此对加筋结构物的监测具有重要意义。

3. 纤维含量对 DIC 测量结果影响规律

图 2-47 给出了 $t=300s$ 干湿循环 5 次时不同纤维含量加筋土的 DIC 测量结果，以分析纤维含量对加筋土试样破坏形态及表面轴向应变场的影响特征。分析破坏照片可知，纤维添加改变了试样的破坏特征，素黄土为典型的脆性破坏，而加筋土表现出明显的塑性破坏特性。具体来看，未加筋黄土的破坏形态为压裂破坏，试样具有纵横交错的贯通裂纹；而纤维加筋土整体呈现出鼓胀破坏特征，但不同纤维含量间具有略微的差异。当纤维含量为 0.3%、1.0% 时，试样整体为鼓胀破坏，但试样中部伴有一定的宏观裂纹；而当纤维含量为 0.6%、0.8% 时，试样的鼓胀破坏特征更加明显。对比表面应变场的测量结果可知，试样的应变集中区域与破坏照片一致。随纤维含量增加，试样表面的最大轴向应变先减小后增大，表明纤维改良具有一个最优的纤维含量，此时纤维分布的均匀性最好，塑性特性最强。当纤维含量较高时纤维分布的不均匀性导致加筋土整体的塑性降低，试样重新出现宏观裂纹。

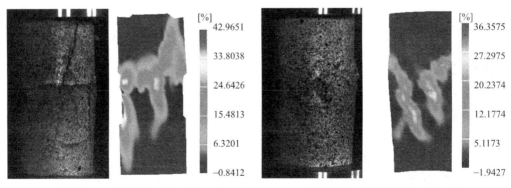

(a) 纤维含量0.0%变形图像与应变云图　　　　(b) 纤维含量0.3%变形图像与应变云图

图 2-47 干湿作用下不同纤维含量下的变形图像与应变云图（一）

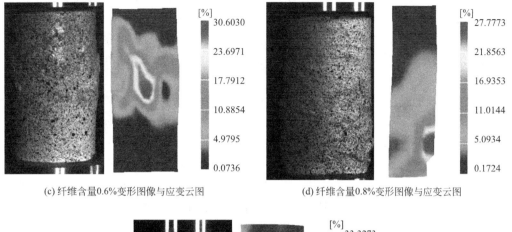

(c) 纤维含量0.6%变形图像与应变云图　　　　　　(d) 纤维含量0.8%变形图像与应变云图

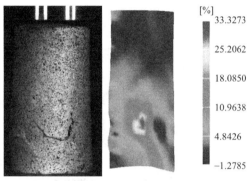

(e) 纤维含量1.0%变形图像与应变云图

图 2-47　干湿作用下不同纤维含量下的变形图像与应变云图（二）

2.5　扰动状态概念本构模型

　　土体作为一种塑性材料在受到单轴荷载时，往往会出现明显的应变软化现象，即应力-应变曲线可根据峰值强度分为峰值前和峰值后两个阶段。对于未加筋土来说，峰值后的阶段往往应力衰减比较明显，因此在工程中可忽略其峰后阶段的强度行为。然而对于纤维加筋土来说，由于纤维的连锁作用加筋土在峰后阶段仍具有一定的强度，因此研究加筋土的全应力-应变过程对纤维加筋土的工程应用具有一定的参考意义。Desai 教授提出的扰动状态概念在模拟岩土材料的应变软化行为方面得到了广泛的应用，这可以很好地用于模拟纤维加筋土的全应力-应变过程。

　　此外，当采用离散分布的纤维来加筋土体时，必须对纤维加筋效果的影响因素进行合理考虑，比如纤维种类、纤维含量、纤维长度、纤维走向等，研究者们从这些影响因素方面开展了大量的试验研究。在这些影响因素中，纤维种类是加筋效果的首要影响因素，即纤维种类决定了最优纤维含量、纤维长度参数的确定，但纤维种类往往需根据现场工况或预试验来预先确定。在纤维含量及纤维长度方面，两者均对加筋效果有显著的影响，大量的实验室研究结果表明加筋效果会随着纤维含量或纤维长度的增加先增大后减小。由于纤维长度在实验室研究时受试样尺寸大小的限制，其获取的最佳纤维长度在现场应用时往往不具有普遍性。而纤维含量对加筋效果的影响与试样尺寸无直接关系，因此实验室试验获取的最佳纤维含量在现场应用时更需要值得关注。对于纤维走向来说，虽然其对加筋效果的影响显著，但采用离散分布的纤维加筋方法是更符合实际工程应用的，因此其相关研究更多出于学术兴趣。综合分析可知，考虑纤维含量对加筋效果影响对于实际工程应用来说是十分必要的。

本节基于扰动状态概念建立了适用于岩土材料的单轴应变软化本构模型，采用邓肯-张非线性弹性模型和残余强度来表示岩土材料单轴应变软化行为的初始与损伤两种参考状态。分别将试验曲线的峰值点以及峰后曲线的稳定点假定为损伤的起点和终点，给予了本构模型损伤变量中参数合理的物理意义。通过对纤维加筋土的不同影响因素进行比较研究，确定了纤维含量对加筋土加筋效果及工程应用的必要性。通过已有的文献对纤维含量与本构模型参数之间的数学关系进行了总结，在此基础上提出了一个考虑纤维含量对加筋黏土加筋效果影响的扰动状态概念本构模型。最后采用提出的模型对 5 组不同纤维加筋土的单轴压缩试验进行了验证。

2.5.1　扰动状态概念

扰动状态概念（Disturbed State Concept，简称 DSC）是由美国著名学者 Desai 教授提出的，为工程材料提供了一种全新的、统一的本构模拟方法。在扰动状态概念中，假定作用力（机械力、热力、环境力）引起材料微观结构的扰动，致使材料内部微观结构发生变化。由于扰动，材料内部的微观结构从最初的相对完整（Relatively Intact，简称 RI）状态，如图 2-48 中的 O 点，经过一个"自觉的"自动调整过程，达到完全调整（Fully Adjusted，简称 FA）状态（通常为临界状态），如图 2-48 中的 C 点。自调整过程可能包含能导致材料产生微裂纹、损伤或强化的颗粒的相对运动，并引起观测到的明显的扰动。这种扰动可以通过一个函数 D（称为扰动函数）来定义，它表示观测响应、初始响应和临界响应的关系，并用宏观观测量来描述扰动的演化，材料在 RI 状态时扰动等于 0，随着应变的发展扰动逐步增加，最后等于 1。图 2-48 中 A 点为应力-应变曲线的峰值点，称为材料的峰值强度。B 点为应力-应变曲线在峰值强度后大致稳定的最终强度，通常称为残余强度。图 2-48 中 D_a 表示不同加载时刻的损伤值，$0<D_a<1$。D_u 则表示 D 在实际中的极限值，小于 1，因为只有在理想状态下 $D=1$ 才能达到。基于观测 RI 和 FA 状态下力的平衡，可导出扰动状态概念的本构方程：

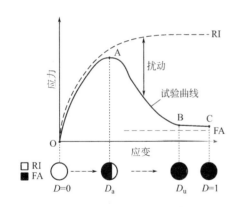

图 2-48　扰动状态概念示意图

$$\sigma^a = \frac{A^t - A^c}{A^t}\sigma^{RI} + \frac{A^c}{A^t}\sigma^{FA} = (1-D)\sigma^{RI} + D\sigma^{FA} \tag{2-17}$$

式中：σ^a 为材料的表观应力，σ^{RI}、σ^{FA} 分别表示材料单元 RI 状态和 FA 状态部分的应力，A^t 为材料单元的总面积，A^c 为 FA 部分的面积，$D=A^c/A^t$ 为扰动函数。

2.5.2　相对完整状态和完全调整状态

处于 RI 状态下材料的响应可从试验的应力-应变-体积变化以及非破坏性行为得到，并且能通过使用连续介质理论加以区别。根据扰动状态理论，材料的 RI 状态可用线弹性、弹塑性或其他合适的模型来表示，并假定其作为连续介质承受弹性和非弹性的应变以及相关的应力。Desai 教授提出的分级单曲面塑性模型可以用来表示土体的 RI 状态，并很好地模拟了土体的软化及剪胀行为。然而该模型的参数较多，且获取过程较为复杂。因此，假定纤维加筋土的 RI 状态满足非线性应变硬化关系，可用双曲线模型方程表示，其本构方程可根据峰值前的表观应力-应变曲线来确定，在单轴加载时可表示为：

$$\sigma_1^{RI} = \frac{\varepsilon_1^i}{\dfrac{1}{E_i} + \dfrac{1}{\sigma_{ult}}\varepsilon_1^i} \tag{2-18}$$

式中：σ_1^{RI} 为 RI 状态轴向应力，ε_1^i 为 RI 状态轴向应变，E_i 为初始切线模量，由应力-应变曲线初始段的斜率获得；σ_{ult} 为极限轴向应力，即为轴向应变无穷大时轴向应力的渐近值。

处于 FA 状态下的材料行为相比 RI 状态的材料是不同的，其响应通常呈现较大变化。但是，当它被 RI 状态材料所包围时，它就具有一定的强度。FA 状态是材料变形破坏的最终状态。如认为土体在 FA 状态下完全不能承受应力，则与实际情况不符。故假定土体在 FA 状态时依然能承受部分应力，认为土体在 FA 状态时的强度等于残余强度，如图 2-48 中的 B 点。因此土体的 FA 状态可表示为：

$$\sigma_1^{FA} = \sigma_r \tag{2-19}$$

2.5.3　扰动函数

扰动函数 D 可以是由一种或多种因素引起的。扰动函数能够表示为式（2-20）的形式，式中，ε_1 是轴向应变；T 是温度；ρ_0 是初始密度；β_i（$i = 1, 2\cdots$）表示其他参数，如湿度和化学成分等。

$$D = D(\varepsilon_1, T, \rho_0, \beta_i) \tag{2-20}$$

岩土材料的扰动函数通常可根据试样的应变来表示，其表示方法通常有两种。第一种方法中扰动函数可以基于观测的应力-应变曲线来表示，此时扰动函数 D 可以写成式（2-21），或者也可以根据应变与孔隙比曲线以及无损检测性质 P 波或 S 波波速等表示。第二种方法中扰动函数可以采用 Weibull 函数表示，其为一条近似为 S 型的曲线，如式（2-22）所示。式中，D_u 表示 D 在实际中的极限值，h、w 和 s 为扰动函数的参数。本研究选用式（2-22）来表示扰动函数：

$$D_\sigma = \frac{\sigma^{RI} - \sigma^a}{\sigma^{RI} - \sigma^{FA}} \tag{2-21}$$

$$D = D_u \left[1 - \left\langle 1 + \left(\frac{\varepsilon_1}{h}\right)^w \right\rangle^{-s} \right] \tag{2-22}$$

2.5.4　模型参数

土体的参考状态以及扰动函数确定之后，将式（2-18）、式（2-19）和式（2-22）带入式（2-17）即可确定土体的本构方程。由上述方程可知，本构模型共有 7 个参数需要确定，分别为 E_i、σ_{ult}、σ_r、D_u、h、w、s。在参考状态方程方面，首先对 RI 模型中的式（2-18）进行变换，得到式（2-23），根据式（2-23）并通过峰值前应力-应变的结果即可得到 $\varepsilon_1^i/\sigma_1^{RI}$-$\varepsilon_1^i$ 的关系曲线，因此 E_i、σ_{ult} 可根据式（2-23）的截距和斜率来获得。其次，在 FA 模型中，试样的残余强度 σ_r 可由峰后应力达到基本稳定时的应力来确定：

$$\frac{\varepsilon_1^i}{\sigma_1^{RI}}=\frac{1}{E_i}+\frac{1}{\sigma_{ult}}\varepsilon_1^i \tag{2-23}$$

关于扰动函数的参数方面，由于残余强度被确定为 FA 状态，因此可以假定达到 FA 状态时极限扰动值 $D_u=1$。此外，由于式（2-22）中参数 h、w、s 与应力状态变量没有直接的数学关系，因此将其与土体力学特性建立合理的关系来预测应力状态变量是必要的。与 Toth、Yang 和 Vanapalli 的研究一致，本书将式（2-22）进行简化假定 $s=1$，式（2-22）即可简化为式（2-24）：

$$D=1-\left[1+\left(\frac{\varepsilon_1}{h}\right)^w\right]^{-1} \tag{2-24}$$

图 2-49 总结给出了所有参数的获取示意图，下面将逐一对上述参数进行分析。图 2-49（a）给出了试样应力-应变的半对数尺度曲线，图 2-49（c）为相应阶段的半对数尺度的损伤发展曲线，图 2-49（b）、（d）分别为线性尺度的应力-应变曲线以及损伤发展曲线。由图可知，试样加载的损伤发展曲线 D-log（ε_1）可近似为 'S' 形，这与单峰土水特征曲线（SWCC）相似，因此相似的方法可以用来求解参数 h、w。首先，通过 D-log（ε_1）曲线的拐点作一条斜率为 $(\ln10/4)w$ 的切线，然后分别作 $D=0$ 和 $D=1$ 的两条水平线与之相交，两个交点分别定义为 A 和 B。

由图 2-49（c）可知，在点 A 之前 D 值是趋近于 0 的，即随着应变的发展预测的表观应力-应变曲线不会明显的偏离 RI 状态曲线。在点 A 之后，D 值明显增加，预测的表观应力-应变曲线开始偏离 RI 状态曲线，这表明 A 点可近似作为试样软化的起点。在 B 点之后，D 值是很高的且接近于 1。此时随着应变的增加，预测的轴向应力不会明显的减小。在 B 点之后预测的轴向应力-应变曲线可近似为达到了 FA 状态，大部分的软化行为主要发生在点 B 之前，即点 B 可近似作为试样软化的终点。因此，关于点 A 和 B 可根据两个假定来获得：

（Ⅰ）点 A 相应于试验表观应力-应变曲线峰值点（A'）。这时，可以得到 $h\times10^{\left(\frac{-2}{\ln10w}\right)}=\varepsilon_p$，$\varepsilon_p$ 为峰值应力相应的应变。

（Ⅱ）点 B 相应于峰后段试验表观应力-应变曲线最大曲率点（B'）。这时，可以得到 $h\times10^{\left(\frac{2}{\ln10w}\right)}=\varepsilon_r'$，$\varepsilon_r'$ 为峰后曲线最大曲率点相应的应变。

由于相对完整状态是根据峰值前的表观应力-应变曲线来确定的，因此特征点（ε_p，σ_p）满足式（2-18）。将特征点带入式（2-18）并结合假定（Ⅰ）可以得到：

$$h\times10^{\left(\frac{-2}{\ln10w}\right)}=\varepsilon_p=\frac{\sigma_p\sigma_{ult}}{E_i(\sigma_{ult}-\sigma_p)} \tag{2-25}$$

式中：σ_p 为峰值强度，ε_p 为峰值强度相应的应变。

此外，将表观应力-应变曲线峰值后软化段的斜率定义为 M，如图 2-49（a）所示。首先，从峰值后表观应力-应变曲线曲率最大点处（B'）作垂线。然后将完全调整状态线反向延伸，使其与最大曲率点的垂线相交于点 B"。根据两个假定可知，试样在点 A' 和 B" 时相应的损伤分别为 0 和 1，即分别相应于图 2-49（c）的点 A 和 B。因此根据上述假定即可得到应力-应变曲线峰后软化段的斜率 M，如式（2-26）所示。

$$M = \frac{\sigma_p - \sigma_r}{\log \varepsilon_r' - \log \varepsilon_p} = \frac{\ln 10}{4} w (\sigma_p - \sigma_r) \tag{2-26}$$

由式（2-25）、式（2-26）可知，扰动函数中无力学特性的参数 h、w 可转化为特征点参数及峰后软化段斜率 M 的函数，从而很好地建立了力学关系。将式（2-25）、式（2-26）换算带入式（2-24）即可得到土体软化时的扰动函数，如式（2-27）所示。因此土体软化的扰动状态本构模型最终共包括 5 个基本力学参数，即 E_i、σ_{ult}、σ_r、σ_p 和 M。

$$D = 1 - \left[1 + \left(\varepsilon_1 \frac{E_i (\sigma_{ult} - \sigma_p)}{\sigma_p \sigma_{ult}} 10^{\frac{\sigma_r - \sigma_p}{2M}} \right)^{\frac{4M}{\ln 10 (\sigma_p - \sigma_r)}} \right]^{-1} \tag{2-27}$$

此外图 2-49（a）、（b）也给出了预测的应力-应变曲线。由图 2-49 可知，预测应力-应变曲线的峰值点与试验应力-应变曲线峰值点（ε_p, σ_p）并不一致，出现了明显的滞后。这是因为在假定（I）中，假定了峰值点（点 A）的损伤为 0，这与它的实际损伤相比有一定的滞后。

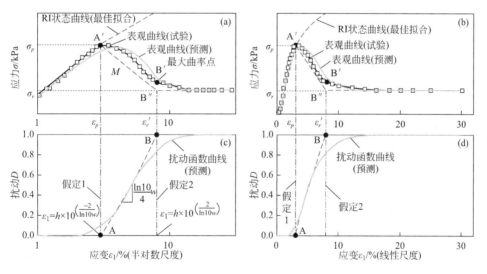

图 2-49　软化模型参数示意图

在 RI 和 FA 状态方程及扰动函数的参数确定之后，结合式（2-17）～（2-19）和（2-27）即可得到土体软化时的扰动状态本构模型。对于纤维加筋土来说，纤维加筋土的扰动状态本构模型可通过建立纤维加筋条件与 5 个基本力学参数的关系来确定。先前的研究表明纤维的含量、长度、走向等对加筋土的强度特性均有一定程度的影响。在这些影响因素中，纤维含量对加筋效果的影响明显，且对实际工程应用更有参考意义。因此本书将纤维含量作为主要影响因素来建立纤维加筋土的本构模型。

关于纤维含量对加筋土的峰值强度影响方面，Kar 和 Pradhan，Patel 和 Singh 等发现当采用纤维加筋改良土体时存在一个最优的纤维含量，加筋土峰值强度随纤维含量的增加表现出先增大后减小的变化规律，因此纤维加筋土的峰值强度可利用一个抛物线函数进行拟合。关于纤维含量对加筋土的极限强度影响方面，Zhao 等通过三轴剪切试验指出纤维加筋土极限强度的变化特征与剪切强度变化特征保持一致，即随着纤维含量的增加先增大后减小。因此假定纤维加筋土的极限强度亦满足随纤维含量先增大后减小的变化规律，可由抛物线函数进行拟合。关于纤维含量对加筋土的残余强度影响方面，根据 Wen 等和 Dhar 和 Hussain 的研究可知，纤维添加不仅可以提高土体的峰值强度，其残余强度亦有相应的提高，且加筋土的残余强度随纤维含量的变化规律呈现出先增大后减小的趋势。因此相同的方法用来拟合加筋土的残余强度。关于纤维含量对加筋土的初始切线模量影响方面，以往的研究少有关注。作者通过对加筋土单轴压缩试验下初始切线模量的文献调查研究后发现加筋土的初始切线模量与纤维含量之间没有特定的具体规律，这可能与纤维、土的类型以及试验手段等因素有关。为了简化加筋土初始切线模量与纤维含量的数学关系，这里采用与强度参数（峰值强度、极限强度、残余强度）一样的抛物线函数来表示。这里加筋土的初始切线模量具有与强度特性相同或者相反的变化规律，即纤维加筋既有可能提高也有可能降低土体的初始切线模量。关于纤维含量对加筋土的峰后模量影响方面，目前亦没有相关的研究来给出其具体的数学关系。因此，与加筋土的初始切线模量获取一样，相似的方法用来预测加筋土峰后模量与纤维含量的数学关系。综上所述，纤维加筋土的 5 个基本力学参数可用一个抛物线函数来拟合，如式（2-28）所示：

$$f_i = \alpha_i + \beta_i \eta + \lambda_i \eta^2 \tag{2-28}$$

式中：i 表示纤维加筋土的力学参数（$i = \sigma_p$，σ_{ult}，σ_r，E_i，M），α、β、λ 为拟合参数。

2.5.5 参数确定

根据上述的试验结果，图 2-50 给出了纤维加筋土扰动状态模型参数获取的示意图。图 2-50（a）为初始切线模量和极限强度的示意图，由式（2-23）来获得。图 2-50（b）为由试验结果确定峰值强度、残余强度以及峰后模量的示意图，其中峰值强度、残余强度分别由应力-应变曲线峰值点以及峰后应力达到基本稳定的点来确定，而峰后模量可根据图 2-49 中假定的数学关系式式（2-25）、式（2-26）来确定。

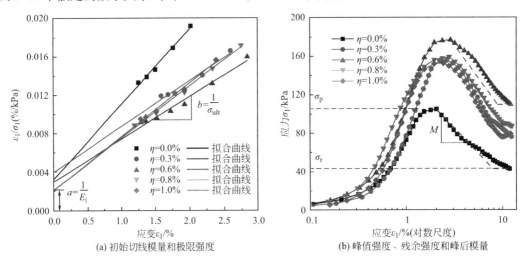

(a) 初始切线模量和极限强度　　　　　(b) 峰值强度、残余强度和峰后模量

图 2-50　根据试验结果确定参数

　　根据应变软化型应力-应变曲线 5 个基本力学参数的确定方法（图 2-49）以及式（2-28）给出的加筋土力学参数与纤维含量的数学关系，图 2-51 给出了由本书试验结果获取的力学参数与纤维含量的拟合结果。由图 2-51 可知，纤维加筋土的极限强度、峰值强度、残余强度均随着纤维含量的增加先增大后减小，与文献调研的研究结果一致，其拟合结果与假定函数关系的 R^2 均大于 0.80，显示出很好的相关性。此外，加筋土的峰后模量表现出与极限强度、峰值强度、残余强度一致的变化特征，拟合结果展现出了很好的相关性，R^2 为 0.90。然而，加筋土初始切线模量与强度参数的变化规律并不一致，近似为相反的变化特征，这表明在初始加载阶段纤维含量对纤维加筋土的力学特性无明显影响，此时初始切线模量主要受试验加载条件的影响。然而由假定的函数关系［式（2-28）］得到的加筋土初始切线模量的拟合结果良好，R^2 为 0.85，表明采用与加筋土强度参数相似的函数关系来确定加筋土初始切线模量的方法是可行的。

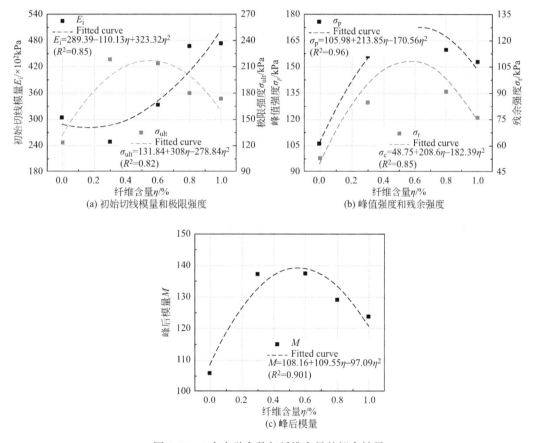

图 2-51　5 个力学参数与纤维含量的拟合结果

2.5.6　模形验证

　　为了验证纤维加筋土单轴软化扰动状态模型的适用性，从已有的文献研究中收集了 4 种土经不同种类纤维加筋时的单轴压缩试验（包括本书试验），并将试验所用土的基本物理参数、纤维类型及纤维加筋含量罗列在表 2-7 中。根据纤维与土的类型将试验分为 5

组，分别定义为 BF、PF1、PF2、CF、GF。对于 BF、PF2、CF、GF 试验，纤维加筋土的峰值强度均随着纤维含量的增加先增大后减小，存在一个最优的纤维含量，分别为 0.6%、0.4%、0.6%、0.75%。然而对于 PF1 试验来说，随着纤维含量的增加其峰值强度没有出现下降的趋势，这可能是由于其最大的纤维含量较小（0.25%）导致的，因此这里假定纤维含量为 0.25% 时没有达到其最佳纤维含量，但其峰值强度仍满足抛物线变化规律。根据 5 组研究的试验结果以及力学参数与纤维含量的函数关系 [式（2-28）]，所有的拟合参数概括在表 2-8 中。图 2-52 给出了由试验结果以及根据拟合函数 [式（2-28）] 得到的力学参数的比较结果。结果显示所有的数据均紧密分布在参照线 $Y=X$ 的两侧，且判定系数 R^2 均大于 0.90，显示出很好的相关性，表明假定的拟合函数可以有效地反映纤维含量对加筋土加筋效果的影响。

单轴压缩试验研究中的土的特性和纤维条件　　　　表 2-7

特性	本试验	文献[73]	文献[205]	文献[76]
比重	2.70	2.70	—	2.62
砂粒/%	1.1	1.7	33	25
粉粒/%	76.71	67	28	54
黏粒/%	22.19	31.3	39	21
最优含水量/%	18.92	16.5	11	19.4
最大干密度/(g/cm³)	1.83	1.70	1.84	1.71
液限/%	36.5	36.4	50	47
塑限/%	19.0	18.6	21	25
塑性指数	17.5	17.8	29	22
纤维种类	玄武岩纤维（BF）	聚丙烯纤维（PF1）	聚丙烯纤维（PF2） 椰壳纤维（CF）	玻璃纤维（GF）
纤维含量/%	0,0.3,0.6,0.8,1.0	0,0.05,0.15,0.25	0,0.2,0.4,0.6(PF2)； 0,0.2,0.4,0.6,0.8(CF)	0,0.25,0.50, 0.75,1.0

不同种类纤维加筋土的拟合参数总结　　　　表 2-8

特性	拟合参数	BF	PF1	PF2	CF	GF
峰值强度 σ_p	α_p	105.98	212.37	91.32	89.68	132.94
	β_p	213.85	747.77	414.33	237.35	245.95
	λ_p	−170.56	−1842.65	−460.79	−222.29	−104.29
极限强度 σ_{ult}	α_u	131.84	403.66	256.32	230.05	187.89
	β_u	308	4867.27	546.26	554.48	301.63
	λ_u	−278.84	−14700.89	−293.17	−533.71	−146.93
残余强度 σ_r	α_r	48.75	77.89	28.05	29.02	48.65
	β_r	208.6	1514.85	642.08	442.65	342.26
	λ_r	−182.39	−3350.96	−675.41	−396.25	−147.52

特性	拟合参数	BF	PF1	PF2	CF	GF
初始切线 模量 E_i	α_E	289.39	275.70	94.55	93.68	151.69
	β_E	−110.13	−1150.70	−31.62	−21.50	61.27
	λ_E	323.32	3568.88	27.34	19.86	−4.92
峰后模量 M	α_M	108.16	436.39	152.77	151.63	264.83
	β_M	109.55	−2255.36	−299.06	−322.10	−490.85
	λ_M	−97.09	4111.62	175.86	217.22	348.16

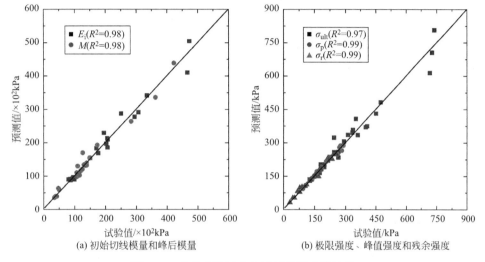

(a) 初始切线模量和峰后模量　　　　　　(b) 极限强度、峰值强度和残余强度

图 2-52　力学参数试验与计算值的比较结果

图 2-53 即为 5 组不同纤维加筋土单轴压缩试验根据扰动状态本构模型预测的应力-应变曲线结果，其中数据点为试验结果，实线为预测结果。此外，为了定量化的评价纤维加筋土扰动状态本构模型的有效性，引入一个一致性指标 δ 来描述计算应力-应变曲线与试验应力-应变曲线的一致性，如式（2-29）所示，其计算结果也展示在图 2-53 中。

$$\delta = 1 - \left[\frac{\sum_{i=1}^{N} (X_{Ei} - X_{Pi})^2}{\sum_{i=1}^{N} (|X_{Pi} - \overline{X_E}| + |X_{Ei} - \overline{X_E}|)^2} \right] \tag{2-29}$$

式中：X_{Ei} 为试验应力-应变曲线的轴向应力，X_{Pi} 为预测应力-应变曲线的轴向应力，$\overline{X_E}$ 为试验应力-应变曲线各点轴向应力的平均值，N 为试验和预测应力-应变曲线中轴向应力点的个数。

由图 2-53 可知，由扰动状态本构模型得到的预测曲线与试验结果吻合度较高，且 5 种不同纤维加筋土计算结果的一致性指标均大于 0.80，表明该计算模型可以很好地反映纤维加筋土单轴加载时的应力-应变特征。此外，对于 BF、PF2、CF 试验 [图 2-53（a）、（c）、（d）]，预测的应力-应变曲线（峰值强度）也精确地反映了加筋土随纤维含量先增大后减小的变化特征。然而对于 GF 试验 [图 2-53（e）]，预测的应力-应变曲线结果表明纤维含量在 1.0% 时为最佳的纤维含量，这与试验结果（0.75%）并不一致，这是由于纤维含量为 0.75% 和 1.0% 时的试验结果十分相近，因此在拟合力学参数时所有的纤维含量均出现在抛物线的左侧，即拟合后的最优纤维含量为 1.0%。尽管拟合结果存在一个明显的误差，然而纤维含量为 1.0% 的预测曲线较 0.75% 含量的预测曲线相差较小，即当纤维含量继续增加时加筋效果开始降低。

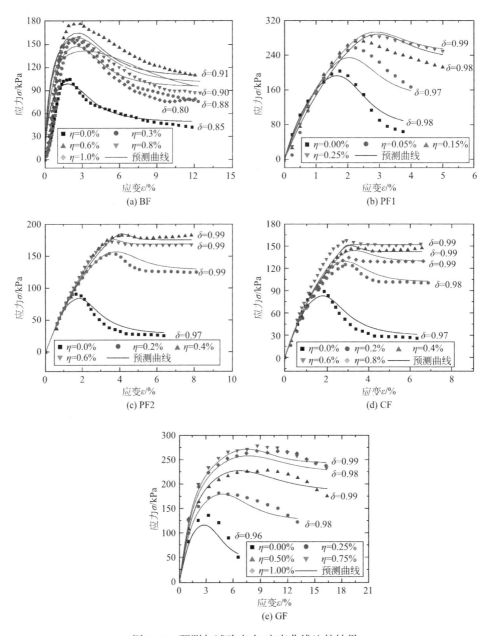

图 2-53　预测与试验应力-应变曲线比较结果

此外，如前述图 2-49 的讨论，由于假定峰值点为加载损伤的起始点，因此预测曲线与试验曲线峰值点的位置并不重合。为了验证上述假定的合理性，图 2-54 给出了试验与预测曲线峰值点的比较结果，图 2-54（a）、（b）分别为纤维加筋土峰值强度和峰值应变。由图 2-54 可知，峰值强度与峰值应变的试验与预测值相关性较好，R^2 均大于 0.90，表明上述假定对纤维加筋土峰值点的确定无明显影响，可以很好地反映加筋土的强度及变形特征。

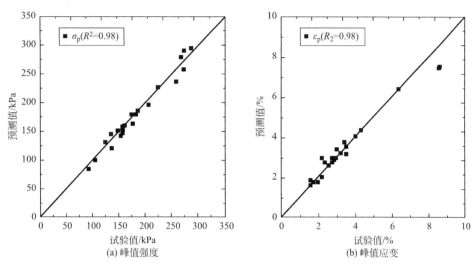

图 2-54　力学参数试验与预测值的比较结果

为了进一步验证提出的模型，对纤维加筋土试验与预测的能量吸收能力进行了比较，并展示在图 2-55 中。此外，图 2-55 也给出了试验与预测能量吸收能力的差异值 △。能量吸收能力是指纤维加筋土抵抗压痕的能力，能量吸收能力越大表明其抵抗压痕的能力越大。能量吸收能力的大小等于达到某一应变水平时应力-应变曲线与轴向应变轴围成的面积。图 2-55 的结果表明提出的模型高估了大多数加筋土试样的 EAC，而低估的试样占少数。通过比较高估或低估的能量吸收能力与应力-应变预测结果（图 2-53）可知，高估或低估的能量吸收能力主要与峰后曲线下降速率的不规律性有关。从差异分析来看，所有试样试验与预测能量吸收能力的差异均比较合理，除了图 2-55（a）中纤维含量为 1.0% 的试样，这与图 2-53（a）展示的预测结果一致（$\eta = 1.0\%$ 时 $\delta = 0.80$）。这种差异与提出的本构模型在考虑纤维含量与力学参数数学关系方面有关。

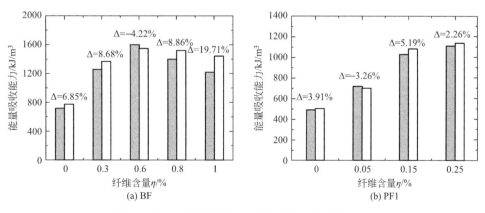

图 2-55　试验与预测能量吸收能力的比较结果（一）

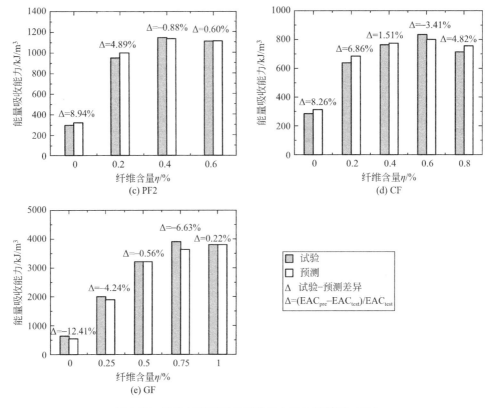

图 2-55　试验与预测能量吸收能力的比较结果（二）

2.6　单轴压缩条件下玄武岩纤维加筋黄土数值模拟研究

岩土工程的实际问题分析中，各类土体材料的本构关系在弹塑性状态下都表现为非线性状态，经常需要应用数值分析软件进行求解分析。其中有限元法可以在计算过程中较为准确地反映材料的非线性本构关系，可以简化复杂问题进行计算分析，是目前岩土工程数值计算中最常应用也是最有效的解析手段。

本节应用 ABAQUS 有限元程序，根据纤维加筋黄土单轴压缩试验过程和要求，建立纤维长度 12mm 条件下不同纤维含量、纤维含量 0.6% 条件下不同纤维长度及纤维长度 12mm、纤维含量 0.6% 条件下不同干湿循环次数有限元计算模型，与单轴压缩试验结果进行比对，同时分析各工况下最大主应变的变形规律。

2.6.1　ABAQUS 概述

ABAQUS 是美国达索 SIMULIA 公司（原美国 ABAQUS 公司）出品的有限元分析软件，具有强大的计算能力和各类仿真功能，软件内置多种本构模型、各种建模单元、不同种类的荷载施加及边界处理方法，可以满足多种求解问题，具有很强的解析计算能力，是岩土工程问题求解的常用计算软件，在处理岩土力学复杂的非线性问题方面具有明显的优势。

ABAQUS 拥有非常丰富的单元模式和各类材料模型库，界面操作方便易懂，各类功能模块非常强大，对于非线性问题的分析能力出众，其计算结果具有较高的可靠度。软件中包含一个全面支持求解器，即人机交互前后处理模块 ABAQUS/CAE 和主要分析模块：通用分析模块 Explicit 和显示分析模块 Standard。计算分析过程包括前处理、模拟运算分析、后处理三个步骤。

2.6.2 ABAQUS 中莫尔-库仑模型

ABAQUS 中提供了一系列适用于岩土工程的本构关系模型，软件中的弹塑性模型是分开来定义的。在内置的岩土本构模型中，莫尔-库仑模型适合应用于以碎散颗粒为主的土体，是目前岩土问题中常用的本构模型，且莫尔-库仑所需材料参数均可通过室内试验获取，因此本书选取莫尔-库仑准则为本构关系进行数值模拟工作。

1. 屈服面

在有限元软件中莫尔-库仑本构当以应变不变量给出时，其模型的剪切屈服面函数为：

$$F = R_{mc}q - p\tan\varphi - c = 0 \tag{2-30}$$

式中：φ 为内摩擦角，$0 \leqslant \varphi \leqslant 90°$；$c$ 为粘聚力；其中 R_{mc} （Θ，φ）见下式：

$$R_{mc} = \frac{1}{\sqrt{3}\cos\varphi}\sin\left(\Theta + \frac{\pi}{3}\right) + \frac{1}{3}\cos\left(\Theta + \frac{\pi}{3}\right)\tan\varphi \tag{2-31}$$

式中：Θ 为极偏角；定义 $\cos(3\Theta) = \dfrac{r^3}{q^3}$；$r$ 为第三偏应力不变量 J_3。

图 2-56 为莫尔-库仑剪切屈服面在子午面和 π 平面上的规则形状，由图 2-56 即可对比和分析朗肯、莫尔-库仑、德鲁克-普拉格以及特雷斯卡屈服面的差异。

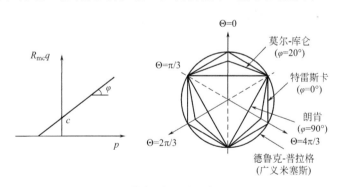

图 2-56 莫尔-库仑剪切模型屈服面

2. 塑性势面

观察图 2-56 得到，莫尔-库仑屈服面不可避免地出现中尖角现象，若应用相关联的流动法则则造成塑性流动混乱，进而影响仿真模型的计算能力。为避免该问题的出现，有限元软件中将光滑连续椭圆方程应用为莫尔-库仑模型塑性势面，其流动势方程在子午面上是双曲线关系，在 π 平面上是椭圆形。方程式为：

$$G = \sqrt{(\varepsilon c\,|_0\tan\psi)^2 + (R_{mw}q)^2} - p\tan\psi \tag{2-32}$$

式中：ψ 为材料剪胀角；$c\,|_0$ 为初始粘聚力；ε 为子午面上的偏心率；R_{mw} （Θ，e，φ）为

塑性势函数 G 在 π 平面上的形状，方程式为：

$$R_{\mathrm{mw}} = \frac{4(1-e^2)\cos^2\Theta + (2e-1)^2}{2(1-e^2)\cos\Theta + (2e-1)\sqrt{4(1-e^2)(\cos\Theta)^2 + 5e^2 - 4e}} R_{\mathrm{mc}}\left(\frac{\pi}{3}, \varphi\right) \quad (2-33)$$

式中：e 为 π 平面上的偏心率，$e = \dfrac{3-\sin\varphi}{3+\sin\varphi}$。

3. 软化规律

在有限元软件中，莫尔-库仑模型需要控制强度参数 c 的大小演化规律以完成对材料硬化或者软化的实现，且必须指定强度参数 c 与等效塑性应变之间的对应关系。在使用莫尔-库仑模型时需要与线弹性模型结合应用，并且需应用非对称求解器，这样可极大提高仿真计算中模型的收敛性。

2.6.3 数值计算模型

1. 模型建立与网格划分

为模拟室内单轴压缩试验，建立与试验土样相同的圆柱体有限元模型，其中高度为 80mm，直径为 39.1mm，如图 2-57（a）所示。模型采用柱坐标系建模，土体采用三维实体单元 C3D8 来模拟，网格采用中性轴算法划分，共有 5012 个计算节点，4266 个计算单元，如图 2-57（b）所示。

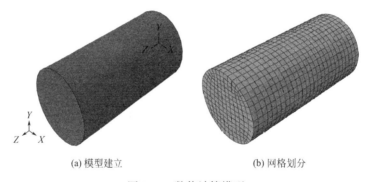

(a) 模型建立　　　　　　　　　　(b) 网格划分

图 2-57　数值计算模型

2. 边界条件

为了与单轴压缩试验加载过程相对应，在模型顶面中心处设置参考点 RP-1 作为模型位移加载点，设置该参考点与平面进行耦合连接，可以有效地避免应力集中现象的出现[图 2-58（a）]，通过监测参考点的力和位移变化即可得到试验中的力与位移关系曲线。为模拟应变控制式的加载方式，采用位移加载的方式在模型顶面上施加大小为 8mm 的轴向位移，完全约束模型底面三个方向的自由度，对于其余面不进行边界条件的约束，如图 2-58（b）所示。

3. 参数确定

本节利用 ABAQUS 内置的莫尔-库仑塑性模型，进行数值分析，通过改变强度参数来模拟不同工况下的纤维加筋土。弹性阶段参数可由单轴压缩试验获得，对于莫尔-库仑模型中的强度参数 c、φ，引用加筋土室内三轴试验数据（具体见本书第 4、5 章），具体参

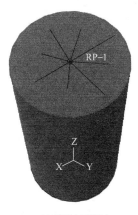

(a) 模型点面耦合

(b) 模型边界条件

图 2-58　数值模型边界条件确定

数见表 2-9。

纤维加筋土莫尔-库仑本构模型参数　　　　　　　　　表 2-9

长度 L/mm	含量 η/%	干湿循环次数 N/次	弹性模量 E/MPa	泊松比 υ	粘聚力 c/MPa	内摩擦角 φ/°
0	0	0	6.01	0.3	31.16	28.61
6	0.6	0	6.61	0.3	47.55	28.95
12	0.3	0	7.09	0.3	48.34	29.46
12	0.6	0	7.58	0.3	50.37	32.37
12	0.8	0	7.21	0.3	47.70	31.47
12	1.0	0	7.10	0.3	48.41	30.56
18	0.6	0	6.83	0.3	48.47	30.91
12	0.6	1	6.28	0.3	45.68	31.11
12	0.6	2	5.89	0.3	37.47	30.79
12	0.6	5	4.28	0.3	33.41	29.58
12	0.6	10	3.97	0.3	29.06	28.58

　　由于单轴压缩试验条件下纤维加筋土的应力-应变曲线均为应变软化型，对于塑性屈服阶段，必须给出粘聚力与等效塑性应变之间的变化关系来确定土体的软化行为。

　　通过单轴压缩试验可得到粘聚力的演化规律，将纤维加筋土体应力-应变关系的曲线峰前近似认为线弹性，曲线峰后为非线性，设定强度参数 c 随着等效塑性应变 ε^{pl} 变化，取等效塑性应变作为应变软化参数，将强度参数 c 视为等效塑性应变

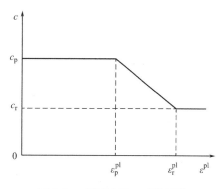

图 2-59　强度参数 c 变化函数

ε^{pl} 的分段线性函数。假定纤维土体的内摩擦角在软化前后保持不变，而纤维土体强度参数粘聚力 c 随应变软化参数 ε^{pl} 的演化规律如图 2-59 所示，强度参数 c 对软化参数的分段函数为式（2-34）。

$$c = \begin{cases} c_p & \varepsilon^{pl} \leqslant \varepsilon_p^{pl} \\ \dfrac{c_r - c_p}{\varepsilon_r^{pl} - \varepsilon_p^{pl}}(\varepsilon^{pl} - \varepsilon_p^{pl}) + c_p, & \varepsilon_p^{pl} < \varepsilon^{pl} < \varepsilon_r^{pl} \\ c_r & \varepsilon^{pl} \geqslant \varepsilon_r^{pl} \end{cases} \tag{2-34}$$

式中：c_p、c_r 分别为峰值粘聚力及残余粘聚力；ε_p^{pl}、ε_r^{pl} 分别为峰值及残余等效塑性应变。

由于纤维加筋土体单轴压缩试验所获得的应力-应变曲线均为应变软化型，因此试样在试验加载达到屈服点后便开始积累永久变形，其中包括弹性和塑性应变：

$$\varepsilon = \varepsilon^e + \varepsilon^p \tag{2-35}$$

等效塑性应变可看作塑性变形累积的历程，在单轴压缩试验中为：

$$\varepsilon^{pl} = \varepsilon - \varepsilon^e = \varepsilon - \frac{\sigma}{E} \tag{2-36}$$

在 ABAQUS 中单轴抗压强度参数服从了粘聚力弱化的演化规律，观察纤维土体应力-应变曲线峰后试验数据，根据式（2-34）从峰值强度 c_p 变化到残余强度 c_r，便可获得强度参数 c 的变化函数。此处以干湿循环 0 次，纤维长度 12mm，纤维含量 0.6% 取十组为例，见表 2-10。

干湿循环 0 次，纤维长度 12mm，纤维含量 0.6% 粘聚力的演化规律　　表 2-10

应力 σ/kPa	应变 ε	粘聚力 c/kPa	等效塑性应变 ε^{pl}
177.39	0.0284	50.37	0.0000
173.92	0.0314	49.39	0.0030
165.99	0.0396	47.13	0.0111
155.08	0.0518	44.04	0.0234
146.07	0.0599	41.48	0.0314
138.03	0.0679	39.19	0.0395
131.22	0.0760	37.26	0.0476
125.45	0.0840	35.26	0.0556
121.11	0.0922	34.39	0.0638
115.60	0.1045	33.83	0.0761

根据表 2-10 给定的塑性阶段参数，定义模型的软化参数，便可得到纤维土体应变软化规律结果。相似地，对于其余工况均为根据纤维土体应力-应变曲线峰后部分的试验数据，按照式（2-34）得到粘聚力与等效塑性应变演变规律的模型参数。

2.6.4　数值结果分析

1. 应力-应变曲线分析

将考虑不同工况下纤维加筋土软化参数所得到的数值模拟应力-应变曲线提取，并与室内单轴压缩试验的应力-应变曲线进行对比分析，如图 2-60 所示。

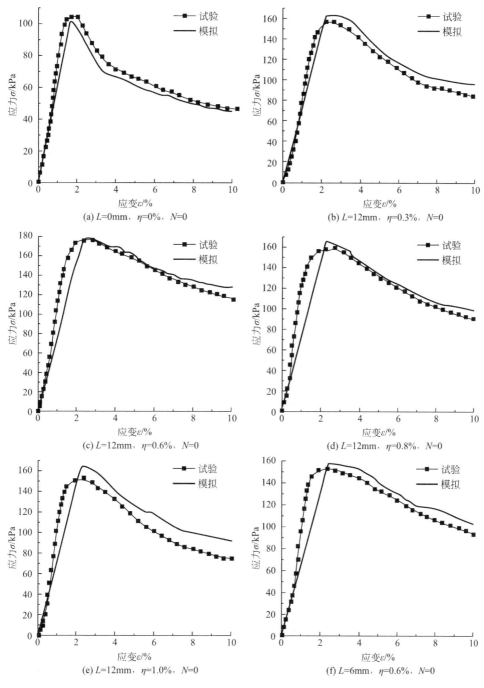

图 2-60　模拟与试验应力-应变曲线对比（一）

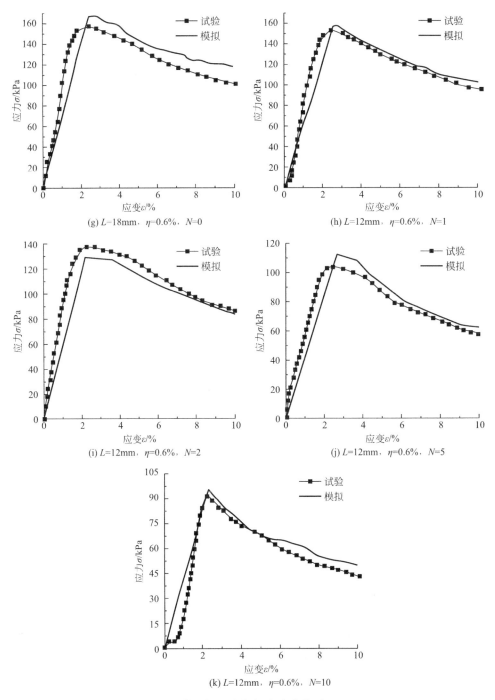

(g) $L=18mm$，$\eta=0.6\%$，$N=0$ (h) $L=12mm$，$\eta=0.6\%$，$N=1$

(i) $L=12mm$，$\eta=0.6\%$，$N=2$ (j) $L=12mm$，$\eta=0.6\%$，$N=5$

(k) $L=12mm$，$\eta=0.6\%$，$N=10$

图 2-60　模拟与试验应力-应变曲线对比（二）

　　由图 2-60 可知，数值模拟的应力-应变曲线在曲线峰值前的部分与试验曲线有些许误差，分析原因是在数值分析峰值前使用的为线弹性模型，不能很好地反映峰值前土体应力-应变曲线的变化情况。但峰值后的数值模拟结果与试验结果很接近，能很好地反映曲线峰值后纤维加筋土的强度弱化规律。从整体来看数值模拟所得到的应力-应变曲线可以较好地反映真实试验的曲线变化形态。根据应力-应变曲线将峰值强度记录，并分析峰值误差，结果见表 2-11。

试验与模拟峰值强度比较结果　表 2-11

长度 L/mm	含量 η/%	干湿循环次数 N/次	试验峰值 kPa	模拟峰值 kPa	误差 %
0	0	0	105.00	101.72	3.13
6	0.6	0	153.12	157.78	3.04
12	0.3	0	155.98	162.82	4.38
12	0.6	0	177.39	179.14	0.99
12	0.8	0	159.57	166.24	4.18
12	1.0	0	152.87	165.83	8.48
18	0.6	0	156.99	167.10	6.44
12	0.6	1	153.05	157.86	3.14
12	0.6	2	137.26	128.87	6.12
12	0.6	5	103.66	112.23	8.27
12	0.6	10	91.14	95.73	5.04

由表 2-11 发现，数值模拟峰值与试验峰值误差均小于 10%，表明根据室内三轴试验数据得到的强度参数对单轴压缩试验进行数值分析具有很好的可靠性，同时也反映出室内单轴压缩试验误差在可控范围内。

2. 最大主应变分析

为了分析纤维长度、纤维含量以及干湿循环次数对玄武岩纤维加筋土的变形演化规律，首次对加筋土不同位移下最大主应变云图进行分析，然后选取不同试验工况下轴向位移为 8mm 时的最大主应变云图进行对比分析。

（1）不同位移下最大主应变云图

以干湿循环 0 次，纤维长度 12mm，纤维含量 0.6% 为例，分析不同位移下的土体变形规律，如图 2-61 所示。由图 2-61 可以发现，当位移为 2mm 时土体试样完整，无明显破坏形态；当位移增加到 4mm 时，试样开始出现剪切带，随着位移的逐渐增加剪切带逐步扩大并最终破坏。表明在数值模拟过程中应变软化土体随着位移的增加其抗压强度逐渐减小，同时必然伴随着剪切带的发生。

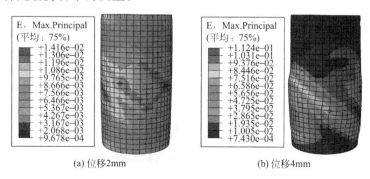

(a) 位移2mm　　　　　　　(b) 位移4mm

图 2-61　不同位移下最大主应变（一）

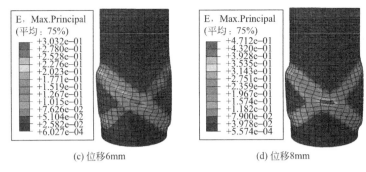

(c) 位移6mm　　　　　　　　　　(d) 位移8mm

图 2-61　不同位移下最大主应变（二）

（2）不同纤维含量下最大主应变

图 2-62 为轴向位移为 8mm，干湿循环 0 次，纤维长度为 12mm 时不同纤维含量下的最大主应变破坏情况。由图 2-62 可以看出，随着纤维含量的逐渐增加，最大主应变的最大值出现先减小后增大的变化规律，说明纤维的掺入可以提高土体的抗变形能力，但纤维含量存在最优值，当含量过大时其抵抗变形能力反而降低。在所有纤维含量中，当含量为 0.6% 时最大主应变值最小，表明纤维含量 0.6% 为最优纤维含量，此时加筋土抵抗变形的效果最好。

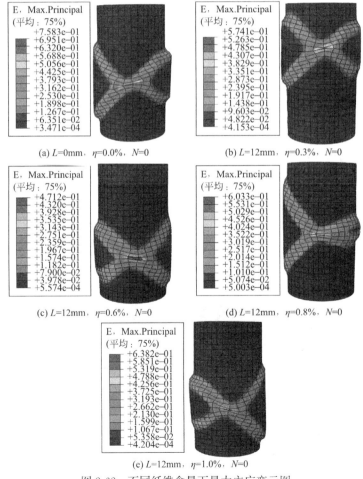

(a) $L=0mm$，$\eta=0.0\%$，$N=0$　　　　(b) $L=12mm$，$\eta=0.3\%$，$N=0$

(c) $L=12mm$，$\eta=0.6\%$，$N=0$　　　　(d) $L=12mm$，$\eta=0.8\%$，$N=0$

(e) $L=12mm$，$\eta=1.0\%$，$N=0$

图 2-62　不同纤维含量下最大主应变云图

（3）不同纤维长度下最大主应变

图 2-63 为轴向位移为 8mm，干湿循环 0 次，纤维含量为 0.6％时不同纤维长度下的最大主应变云图。由图 2-63 可以看出，纤维长度为 12mm 加筋土的最大主应变较其余长度最小，证明长度 12mm 加筋土的抵抗变形能力优于 6mm 和 18mm。

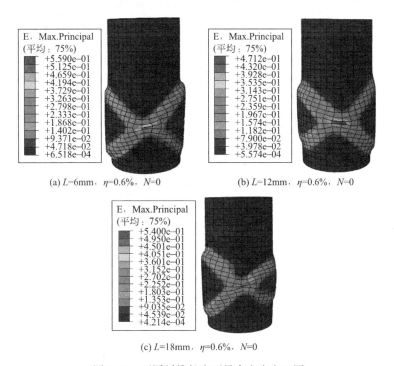

(a) L=6mm，η=0.6%，N=0　　(b) L=12mm，η=0.6%，N=0

(c) L=18mm，η=0.6%，N=0

图 2-63　不同纤维长度下最大主应变云图

（4）不同干湿循环次数下的最大主应变

图 2-64 为轴向位移为 8mm，纤维长度 12mm，纤维含量 0.6％时不同干湿循环次数下加筋土的最大主应变云图。由图 2-64 可知，其最大主应变值随着干湿循环次数的增加而增加，表明干湿循环次数越大，纤维加筋黄土的劣化效应越显著。

对比数值模拟与 DIC 试验获取的加筋土最大主应变云图可以发现，在考虑不同工况纤维土应变软化规律下，数值模拟所得到的最大主应变云图规律与 DIC 试验测量的变形结果规律基本相同，能够反映不同工况下纤维加筋土的变形情况，证明了两种方法的有效性。

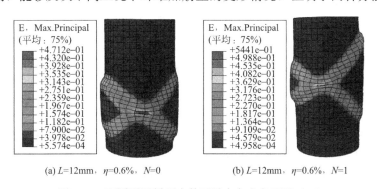

(a) L=12mm，η=0.6%，N=0　　(b) L=12mm，η=0.6%，N=1

图 2-64　不同干湿循环次数下最大主应变云图（一）

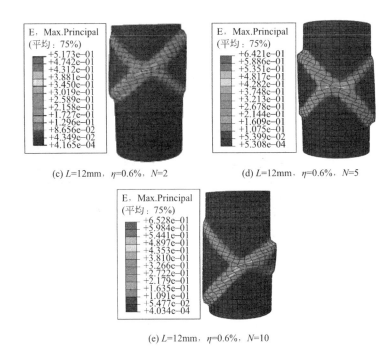

(c) *L*=12mm，*η*=0.6%，*N*=2　　　　(d) *L*=12mm，*η*=0.6%，*N*=5

(e) *L*=12mm，*η*=0.6%，*N*=10

图 2-64　不同干湿循环次数下最大主应变云图（二）

2.7　本章小结

本章以西安黄土为试验对象，主要通过室内单轴压缩试验、数字图像相关试验、干湿循环试验、加筋土本构模型构建和有限元数值模拟等方面对玄武岩纤维加筋黄土开展了研究工作，主要得到了以下结论：

（1）所有纤维加筋黄土试样应力-应变曲线均为应变软化型，但掺入纤维后的加筋黄土试样对比素黄土其峰值强度高，峰后曲线下降平缓，且达到峰值时的应变均比素黄土大，说明纤维加入土体后不但能增加抗压强度同时可以提高土体的抗变形能力。

（2）不同纤维长度与纤维含量下黄土的单轴抗压强度和破坏应变均呈现先增大后减小的变化趋势。长度为 12mm 时单轴抗压强度和破坏应变优于其余长度，含量 0.6% 时单轴抗压强度和破坏应变优于其余含量。

（3）引入纤维加筋效果系数分析得到当纤维长度为 12mm，含量为 0.6% 时为玄武岩纤维加筋黄土最优配比，此时单轴抗压强度最高。基于加筋系数试验数据，得到了纤维长度及纤维含量影响下纤维加筋黄土的加筋系数多变量预测模型。

（4）随着干湿循环次数的增加，所有纤维含量试样的单轴抗压强度和破坏应变均逐渐减小。但单轴抗压强度减小幅度不同，表现为前几次干湿循环作用对其单轴抗压强度影响显著，随着干湿次数的增长，干湿循环作用对其单轴抗压强度的影响越来越不明显。

（5）基于损伤力学理论定义了纤维加筋土的干湿损伤度，发现随着干湿循环次数增加，纤维加筋黄土的损伤度呈上升趋势。在纤维含量为 0.6% 时，其损伤度曲线位于最下方，表明其抵御干湿循环作用效果最好。基于损伤试验数据，得到了干湿循环次数及纤维含量影响下纤维加筋黄土的干湿损伤度多变量预测模型。

（6）数字图像相关法试验结果表明纤维添加改变了试样的破坏特征，素黄土为典型的脆性破坏，而加筋土表现出明显的塑性破坏，在最优纤维含量时加筋土的表面变形更加均匀，塑性特性更强；纤维长度为 12mm 时加筋土抵抗变形能力优于 6mm 和 18mm；随着干湿循环次数的增加，加筋土由鼓胀破坏转变为压裂破坏，应变场最大主应变整体呈增大的趋势。

（7）基于扰动状态概念建立了适用于纤维加筋土的单轴应变软化本构模型。在分析纤维含量与本构模型参数之间的数学关系的基础上，提出了一个考虑纤维含量对加筋土加筋效果影响的扰动状态概念本构模型。采用提出的模型对 5 组不同纤维加筋土的单轴压缩试验进行了验证，本构模型的预测应力-应变曲线与试验曲线一致性较高。

（8）利用 ABAQUS 有限元软件对加筋土单轴压缩试验进行数值模拟，根据室内试验数据定义了不同工况下的软化参数，得到应力-应变曲线和最大主应变云图，与室内试验比对发现数值模拟误差在可控范围内，模拟效果较好。

第3章 玄武岩纤维加筋黄土单轴拉伸力学行为研究

3.1 试验材料与试样制备

本试验所用黄土、玄武岩纤维与前述第2章试验所用材料一致，试样制备方法与前述第2章一致，在此不再赘述。

3.2 试验方案

3.2.1 单轴拉伸试验

本章采用的单轴拉伸试验设备、加载速率与第2章一致，试验方案中试样尺寸、干密度、含水率、纤维含量、纤维长度及干湿循环次数选取与前述第2章玄武岩纤维加筋黄土单轴压缩试验方案一致，在此不再赘述。

3.2.2 数字图像相关试验

本章采用的数字图像试验设备、试验方案与前述第2章一致，在此不再赘述。

3.2.3 干湿循环试验

本章采用的干湿循环试验方案与前述第2章干湿循环试验方案一致，在此不再赘述。

3.3 试验结果与分析

3.3.1 应力-应变关系曲线

1. 纤维含量对应力-应变关系影响规律

为了研究纤维含量对加筋黄土抗拉强度特性的影响，图3-1（a）～图3-1(c)分别给出了纤维长度为6mm、12mm、18mm时不同纤维含量加筋黄土的应力-应变曲线。由图3-1可知，纤维添加对黄土的拉伸应力-应变关系有着显著的影响，相比于未加筋黄土不同纤维含量加筋黄土曲线的峰值应力及峰值应变均有一定程度的提升。当试样轴向应变较小时，素黄土（$\eta=0.0\%$）与纤维加筋黄土的应力-应变关系曲线相差不大。随着应变增加，素黄土在达到某一应变时发生脆性断裂（$\varepsilon \approx 0.75\%$），随后应力迅速丧失。然而，对于纤维加筋黄土，由于纤维的连接作用其应力-应变曲线继续上升。随应变继续

70

增加，纤维加筋黄土出现了较长的峰后段曲线，且具有一定的残余强度，显现出明显的延性破坏特征。

分析原因为：当轴向应变较小时，纤维加筋土作为一个整体来共同抵抗拉应力作用，此时纤维的抗拉强度没有得到有效发挥，因此其应力-应变曲线与未加筋土相比并无明显差异。随着轴向应变的增加，未加筋土在达到土体的抗拉强度后发生断裂。然而纤维加筋土在受到拉应力作用时，土体中的纤维网络会抑制土颗粒的滑移，纤维的抗拉强度得到有效发挥，因此其应力值继续增加。然而随轴向应变继续增加，土颗粒滑移增加，纤维网络的抑制作用逐渐衰减，纤维加筋土逐渐断裂。此外，纤维含量对黄土峰值抗拉强度及峰值应变的提升效果存在一定的差异，纤维含量为 0.6% 时的曲线整体上位于其他含量曲线的上方。

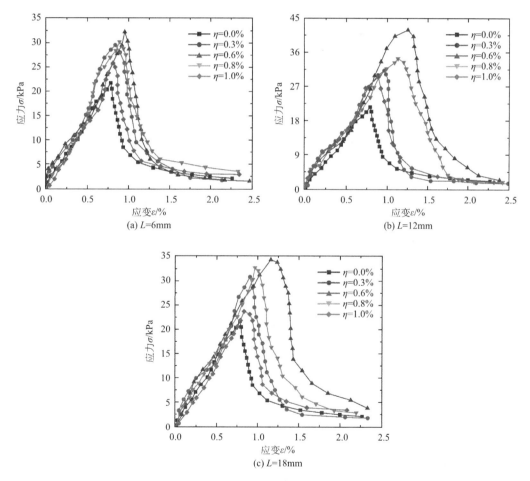

图 3-1　不同纤维含量下应力-应变关系曲线

2. 纤维长度对应力-应变关系影响规律

为了研究纤维长度对加筋黄土抗拉强度特性的影响，图 3-2（a）～图 3-2（d）分别给出了纤维含量为 0.3%、0.6%、0.8%、1.0% 条件下不同纤维长度加筋黄土的拉伸应力-应变曲线。由图 3-2 可知，纤维长度对加筋土应力-应变曲线存在一定的影响。当轴向应变较小时，各纤维长度的应力-应变曲线基本吻合，纤维长度对加筋效果的影响不大。随着轴向应变的增大，应力-应变曲线开始分化，纤维长度对加筋效果的影响逐渐显现。此外，纤维长度为 12mm 时的曲线基本上位于 6mm 及 18mm 曲线的上方，表明采用纤维加筋改良土体强度时存在一个最优的纤维长度。

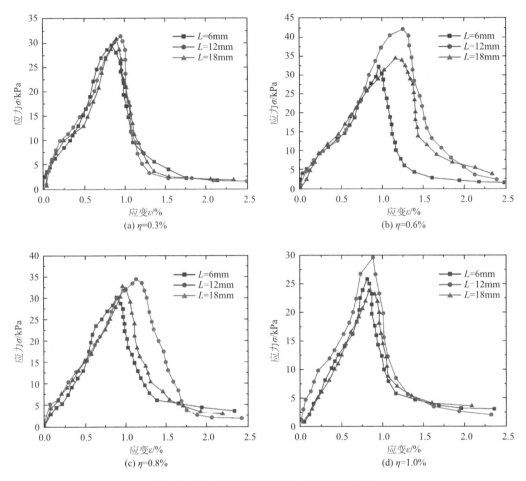

图 3-2　不同纤维长度下应力-应变关系曲线

3. 干湿循环次数对应力-应变关系影响规律

为研究干湿循环次数对玄武岩纤维加筋黄土抗拉特性的影响，拟选取玄武岩纤维最优长度 12mm 进行不同干湿循环次数和不同纤维含量的单轴拉伸试验研究。图 3-3（a）～图 3-3（e）分别为纤维含量为 0.0%、0.3%、0.6%、0.8%、1.0% 时不同干湿循环次数下纤维加筋黄土的拉伸应力-应变曲线。由图 3-3 可知，干湿循环作用对加筋土拉伸曲线的形态无明显影响，均为应变软化型。随着干湿循环次数增加，不同纤维含量试样的峰值应力与峰值应变均逐渐减小。素黄土和纤维加筋黄土在达到峰值应力后应力均出现了陡然衰减。然而，在达到峰值应力后素黄土无明显的峰后段曲线，试样发生脆性断裂，而纤维加筋黄土随应变增加应力趋于平缓，试样显示出一定的残余强度，表现出明显的延性破坏特征。

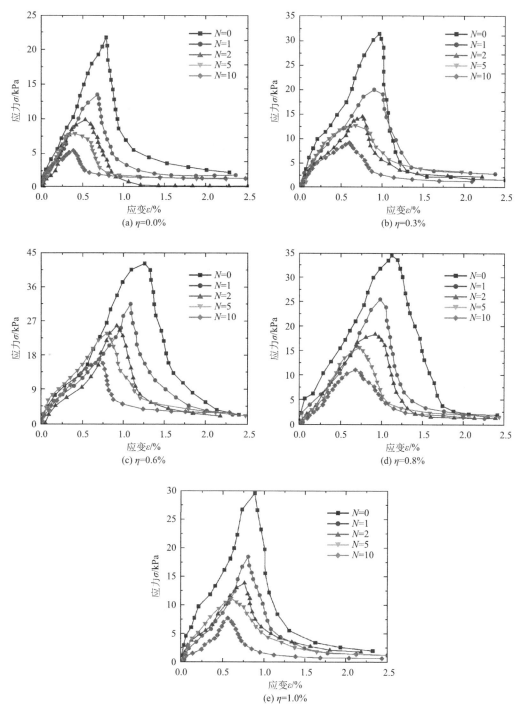

图 3-3　不同干湿循环次数下应力-应变关系曲线

4. 干湿循环作用下纤维含量对应力-应变关系影响规律

图 3-4 为干湿循环作用下纤维含量对加筋土拉伸应力-应变特性的影响曲线。由图 3-4 可知，随着纤维含量的增加，试样的应力-应变曲线先上升后下降，纤维含量为 0.6% 试样

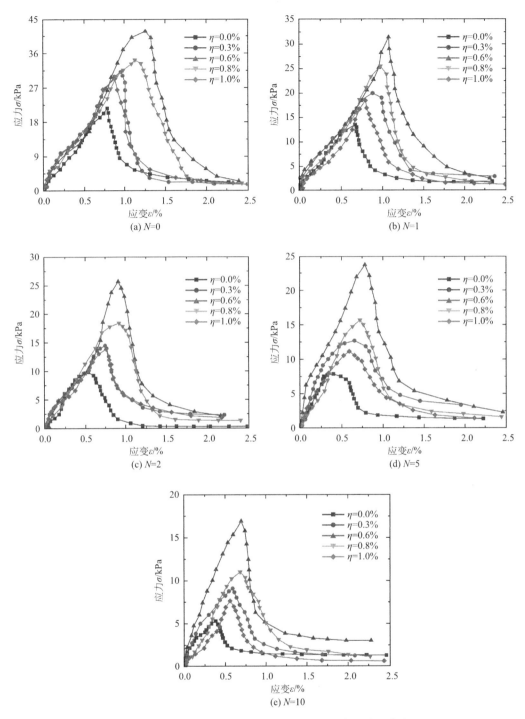

图 3-4 干湿循环作用下不同纤维含量应力-应变关系曲线

的曲线整体位于其他含量曲线的上方，且其相应的峰值应变也大于其他纤维含量，表明在该含量时纤维加筋抵抗干湿循环劣化的效果最好。此外，当轴向应变较小时，素黄土与纤维加筋黄土的应力-应变曲线基本一致。随着轴向应变的增加，素黄土应力下降而纤维加筋黄土应力继续增加，纤维加筋抵御干湿循环劣化的作用得以体现。这是因为在拉伸试验初期试样变形较小，荷载主要由土体骨架承担，纤维的抗拉强度无法发挥。随试样变形增加，土颗粒与纤维发生相对滑移，此时纤维加筋土中的纤维网络可以抑制土颗粒的滑移，为试样提供了额外的抗拉强度。

应力-应变曲线结果表明纤维含量、纤维长度以及干湿循环次数对加筋土拉伸特性具有一定的影响。为进一步研究纤维添加以及干湿循环作用对加筋黄土抗拉强度及变形特性的影响，下面将对加筋黄土的单轴抗拉强度及破坏应变进行详细分析。

3.3.2　单轴抗拉强度

1. 纤维含量、纤维长度对单轴抗拉强度影响规律

图 3-5 给出了不同纤维加筋条件时加筋土抗拉强度的试验结果，图 3-5（a）、（b）分别表示纤维含量和纤维长度对抗拉强度的影响。由图 3-5（a）可知，相比于未加筋黄土，掺入玄武岩纤维后黄土的单轴抗拉强度显著提高。且不同纤维长度下加筋黄土的单轴抗拉强度均随着纤维含量增加呈现先增大后减小的变化趋势，纤维含量为 0.6% 加筋土的单轴抗拉强度稍大于其他纤维含量。由图 3-5（b）可知，纤维长度对加筋黄土的单轴抗拉强度具有一定的影响。纤维含量一定时，加筋土的抗拉强度随着纤维长度的增加先增大后减小，纤维长度为 12mm 时抗拉强度值达到最大。

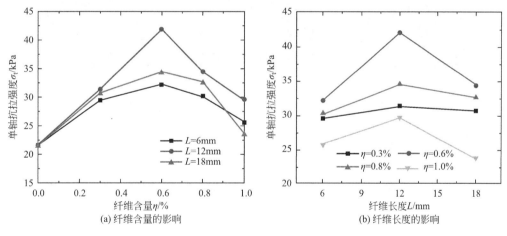

图 3-5　纤维添加对单轴抗拉强度的影响

图 3-6、图 3-7 分别给出了纤维含量及纤维长度对加筋土抗拉强度影响的机理示意图。由图 3-6 可知，当纤维含量较小时，纤维在土中易分散均匀，加筋土在受到拉应力作用时，分散纤维可为土体提供额外的抗拉强度。随着纤维含量增加，分散的纤维在土体中可形成互相交错的纤维网络，此时加筋土在受到拉应力作用时，除纤维提供额外的抗拉强度外，纤维网络也可以抑制土颗粒的滑移。单根纤维的抗拉强度及纤维网络的协调变形作用共同为加筋土提供抗力，因而加筋土的抗拉强度进一步提升。然而，随着纤维含量继续增加，纤维的团聚作用会导致土体无法压密，产生潜在的薄弱面，从而降低其加筋效果。由图 3-7 可知，当纤维长度较小时，纤维的搭接长度较小，纤维网络的联结作用较弱，加筋土抗拉强度的提升主要来源于分散的单丝纤维。随着纤维长度增加，纤维搭接长度增加，

纤维网络的联结作用增强，加筋土强度进一步提升。然而，当纤维长度继续增加时，纤维网络过度的搭接作用会导致纤维的纠缠，影响其协调变形的能力，最终导致加筋黄土的抗拉强度出现下降。

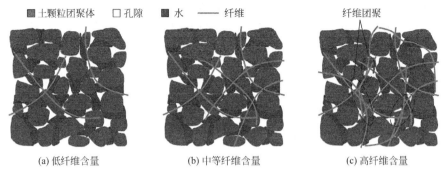

(a) 低纤维含量　　　　　(b) 中等纤维含量　　　　　(c) 高纤维含量

图 3-6　相同纤维长度不同纤维含量加筋机理示意图

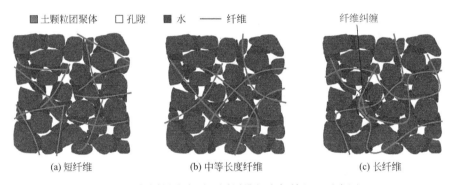

(a) 短纤维　　　　　(b) 中等长度纤维　　　　　(c) 长纤维

图 3-7　相同纤维含量不同纤维长度加筋机理示意图

2. 干湿循环作用对单轴抗拉强度影响规律

图 3-8 给出了干湿循环效应下加筋土抗拉强度的试验结果，图 3-8（a）、（b）分别表示干湿循环次数和纤维含量对抗拉强度的影响。由图 3-8（a）可知，随着干湿循环次数的

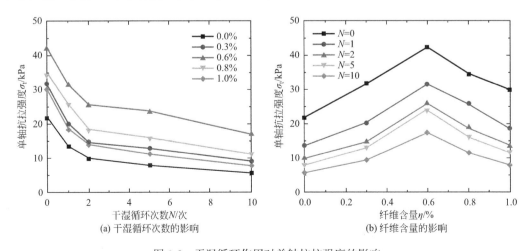

(a) 干湿循环次数的影响　　　　　(b) 纤维含量的影响

图 3-8　干湿循环作用对单轴抗拉强度的影响

增加，所有试样的强度均逐渐减小，但是每一次循环完成后，纤维加筋土的强度还是高于素黄土。试验过程中，土体强度衰减的趋势在逐渐变缓；在前 2 次干湿循环中，土体强度下降速率较快；但是在 5 次干湿循环后，土体抗拉强度逐渐趋于稳定。由图 3-8（b）可知，干湿循环次数一定时，加筋土的抗拉强度随着纤维含量的增加而增加，纤维含量 0.6％时抗拉强度最高，随着纤维含量的继续增加，抗拉强度将减小。

　　为揭示纤维添加抵抗黄土干湿劣化的机理，图 3-9（a）、（b）分别给出了纤维加筋前后黄土干湿损伤劣化的示意图。分析可知，无干湿循环时，素黄土与纤维加筋黄土的结构均较为致密。在干湿循环初期，素黄土试样的土颗粒团聚体受到水分蒸发、入渗、迁移的影响破碎明显，试样内部的孔隙和微裂隙增加。然而，由于纤维网络的连接作用纤维加筋黄土干湿循环后土颗粒团聚体破碎主要发生在试样的表面，试样的内部结构仍相对紧密。随干湿循环次数继续增加，干湿水分变化造成的损伤主要集中于前期产生的孔隙及微裂隙中，此时素黄土与纤维加筋黄土的微观结构基本达到稳定状态。

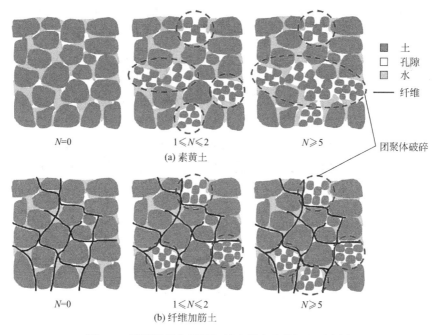

图 3-9　干湿循环作用下加筋土强度劣化机理示意图

3.3.3　破坏应变

1. 纤维含量、纤维长度对破坏应变影响规律

　　纤维加筋会显著提高土体的塑性特征，为了定量分析纤维添加对黄土塑性特征的影响，取应力-应变曲线峰值点相应的应变作为破坏应变进行分析。图 3-10（a）、（b）分别为纤维含量及纤维长度对加筋土破坏应变的影响结果。由图 3-10 可知，与素黄土相比，纤维加筋后黄土的破坏应变显著增加。加筋土的破坏应变随纤维含量的增加呈现出先增大后减小的趋势，纤维含量为 0.6％时的破坏应变增加最为明显。加筋土的破坏应变随纤维长度的增加亦表现为先增大后减小，纤维长度 12mm 时破坏应变最大。

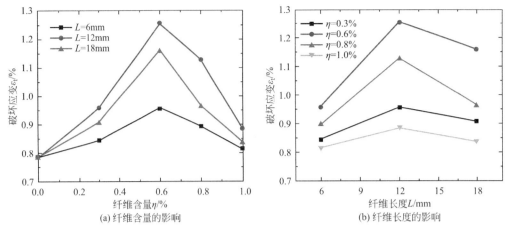

图 3-10　纤维添加对破坏应变的影响

　　通过比较加筋土的单轴抗拉强度可知（图 3-5），加筋土的破坏应变与抗拉强度表现出一致的变化规律，这表明加筋土的强度与加筋土抗变形的能力直接相关。纤维加筋土在最佳的纤维含量及纤维长度时，纤维网络抵抗变形的能力最强，因此其加筋效果最好。此外，破坏应变与单轴抗拉强度的试验结果表明，加筋土的加筋效果是纤维含量及纤维长度耦合作用影响的，纤维含量为 0.6%纤维长度为 12mm 时加筋效果最好。

2. 干湿循环作用对破坏应变影响规律

　　为研究干湿循环作用对加筋黄土拉伸变形破坏特性的影响，取单轴抗拉强度相应的应变作为破坏应变进行分析。破坏应变越大，试样的抗变形能力越强。破坏应变的试验结果如图 3-11 所示。由图 3-11 可知，与未加筋试样相比，纤维加筋后试样的破坏应变明显提高。纤维加筋黄土的破坏应变随着纤维含量的增加呈现先增大后减小的变化趋势，纤维含量为 0.6%试样的破坏应变整体上大于其他含量，说明该纤维含量时加筋土的抵抗变形能力最强。随着干湿循环次数的增加，所有纤维含量试样的破坏应变均逐渐减小，抗变形能力降低。结合图 3-8 可知，纤维加筋黄土的破坏应变随干湿循环次数及纤维含量的变化规律与单轴抗拉强度完全一致，这再次证明了加筋土的强度与其抗变形的能力直接相关。图 3-12 给出了破坏应变和单轴抗拉强度的线性拟合结果，判定系数 R^2 为 0.88，显示出了很好的线性相关性。

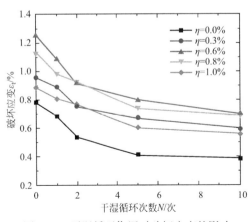 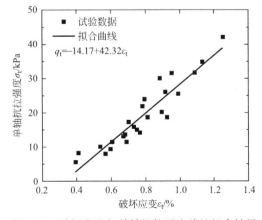

图 3-11　干湿循环作用对破坏应变的影响　　　图 3-12　破坏应变与单轴抗拉强度线性拟合结果

3.3.4　纤维加筋效果和耐久性分析

1. 单轴拉伸加筋效果分析

为进一步研究纤维含量及纤维长度对加筋土单轴抗拉强度加筋效果的影响规律，同 2.4.4 节一样，通过引入一个无量纲的参数加筋系数 R 来研究纤维的加筋效果，定义为加筋土与素黄土单轴抗拉强度的比值，其计算公式如（3-1）所示：

$$R = \frac{\sigma_t^R}{\sigma_t} \tag{3-1}$$

式中：R 为加筋系数；σ_t^R 为加筋土的单轴抗拉强度值；σ_t 为素黄土的单轴抗拉强度值。

图 3-13（a）、（b）分别为纤维含量、纤维长度对加筋土单轴抗拉强度加筋效果的影响曲线。由图 3-13 可以看出，加筋土单轴抗拉强度的加筋效果系数随纤维含量和纤维长度增加呈现出非线性变化关系，即随着纤维含量和纤维长度的增加先增大后减小，说明玄武岩纤维在改良黄土抗拉强度时存在一个最优的纤维含量和纤维长度，使得纤维可以最大程度上发挥其加筋作用。本研究中纤维长度为 12mm、纤维含量为 0.6% 试样的加筋系数始终位于其他纤维条件的上方，显示出更好的加筋效果，这和纤维加筋黄土单轴抗压强度加筋效果得到的最优纤维条件保持一致，此时加筋土单轴抗拉强度的加筋系数为 1.93。对比最优纤维条件时加筋土单轴抗压强度的加筋系数（$R=1.69$）可知，纤维添加对黄土抗拉强度的提升高于抗压强度。

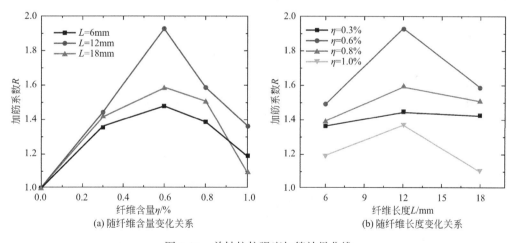

(a) 随纤维含量变化关系　　(b) 随纤维长度变化关系

图 3-13　单轴抗拉强度加筋效果曲线

2. 干湿循环损伤效应分析

为进一步研究干湿循环作用对纤维加筋黄土单轴抗拉强度的影响，基于损伤力学理论，定义干湿损伤度 D_N，公式如（3-2）所示。

$$D_N = \left(1 - \frac{\sigma_{tN}}{\sigma_{t0}}\right) \times 100\% \tag{3-2}$$

式中：D_N 为干湿损伤度；σ_{tN} 为干湿循环 N 次后加筋土的抗拉强度值；σ_{t0} 为无干湿循环时加筋土的抗拉强度值。

　　图 3-14 给出了纤维加筋黄土干湿损伤度的变化结果。由图可知，前 2 次干湿循环后损伤度增加明显，5 次干湿循环后试样的损伤度增长变缓并逐渐趋于稳定。通过计算可以得出 2 次干湿后加筋黄土单轴抗拉强度损伤占 10 次干湿总损伤的 65%～76%。此外，纤维加筋前后黄土的干湿损伤具有一定的差异性，纤维加筋后试样的损伤明显小于加筋前，在最佳纤维含量 0.6% 时加筋土的干湿损伤最小。

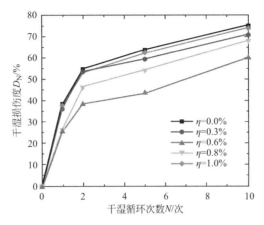

图 3-14　干湿循环作用对单轴抗拉强度损伤度的影响

3.3.5　数字图像相关方法（DIC）测量结果分析

1. 加载过程 DIC 测量结果

　　上述试验结果表明纤维加筋的确可以改变土体的变形破坏特征。然而，纤维加筋土在加载过程中的变形特性少有研究。为进一步定量化分析纤维添加对土体塑性特性的影响，选取最优纤维条件（含量为 0.6%，长度为 12mm）时不同加载时刻下的 DIC 测量结果进行分析，如图 3-15 所示。由图 3-15 可知，在拉伸过程中，试样首先在主应力面某一位置处出现微裂隙，随着时间增加微裂隙逐渐加宽加大，并沿直径方向向四周发展，最终形成肉眼可见的断裂带。相应地，应变场中的应变集中区域逐渐发展，最大轴向应变值逐渐增加。具体来看，当加载时间为 0s，试样无变形，应变场应变为 0。当加载时间为 25s 时，试样照片无明显变化，但应变场上端出现明显的应变集中区域，中部右侧也出现了一定的应变集中响应。当加载时间增加至 55s 时，试样照片仍无明显变化，而应变场中部的应变集中区域进一步扩大，且试样上端及中部区域的最大轴向应变值继续增加。当加载时间为 82s 时，试样出现微裂纹，微裂纹的位置位于之前应变场中的应变集中区域。此时应变场中部应变集中区域面积增大，应变值增加。然而试样上端的应变集中区域消失，这是由于试样开裂后上端的应力集中得到释放。当加载时间继续增加至 100s 时，试样出现了明显的断裂带，断裂带内的应变值进一步增加。

　　此外，通过比较加载过程中试样的破坏照片及应变场可以发现，在初期试验阶段破坏照片并不能明显地看到其变形情况。然而，当采用 DIC 技术监测其加载过程时应变云图可以较早的发现土体表面的应变集中区域，这对于判别试样的断裂发展十分有利。总之，应变场准确地反映了试样的断裂破坏过程。

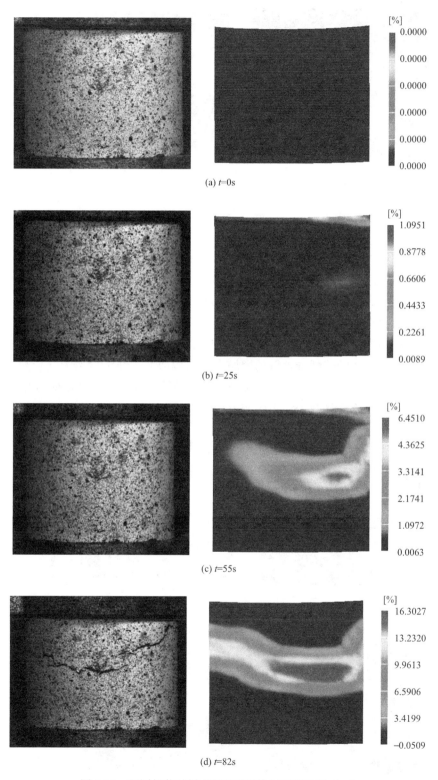

(a) *t*=0s

(b) *t*=25s

(c) *t*=55s

(d) *t*=82s

图 3-15　不同加载时刻下的变形图像与应变云图（一）

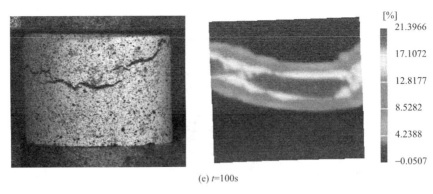

(e) *t*=100s

图 3-15　不同加载时刻下的变形图像与应变云图（二）

2. 纤维含量对 DIC 测量结果影响规律

　　图 3-16 为不同纤维含量加筋土破坏时刻的照片及相应的表面轴向应变场应变云图。由图 3-16 中破坏照片可知，未加筋与纤维加筋土体均产生了明显的断裂带，且除纤维含量为 0.3％的试样以外，其余试样断裂带的位置基本位于拉伸段的中间区域，表明该试验抗拉方法可以有效获取加筋土的抗拉强度及变形信息。由加筋土的表面应变场可知，所有试样均出现了明显的应变集中区域，其精确反映了破坏照片中断裂带的变形信息。表面应变场中的最大轴向应变随着纤维含量的增加先减小后增大，纤维含量为 0.6％加筋土的最大轴向应变最小，这与加筋土抗拉强度及破坏应变随纤维含量变化呈相反的变化规律。上述结果表明在最佳纤维含量时加筋土的变形更加均匀，试样的塑性更强。

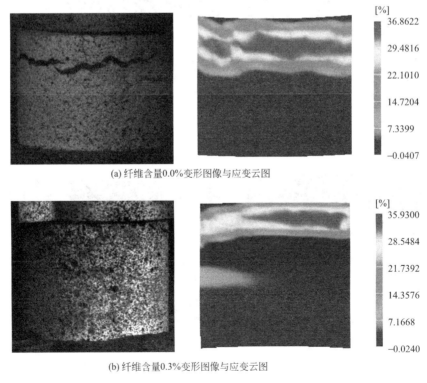

(a) 纤维含量0.0%变形图像与应变云图

(b) 纤维含量0.3%变形图像与应变云图

图 3-16　不同纤维含量下的变形图像与应变云图（一）

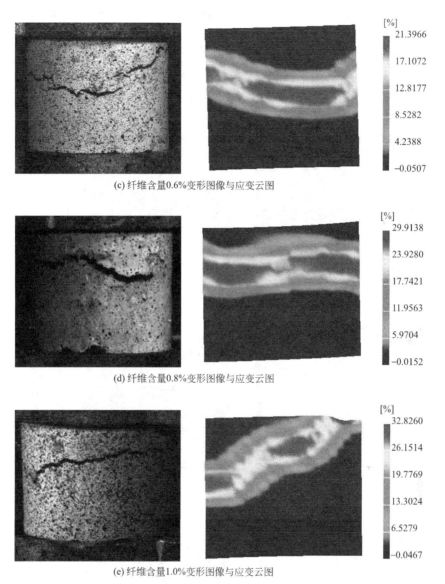

(c) 纤维含量0.6%变形图像与应变云图

(d) 纤维含量0.8%变形图像与应变云图

(e) 纤维含量1.0%变形图像与应变云图

图 3-16　不同纤维含量下的变形图像与应变云图（二）

分析原因：由于土体的抗拉强度较低，素黄土在受到拉应力作用时会很快产生微裂隙，随拉应力增加微裂隙迅速发展，试样发生断裂。试样的变形发展主要集中于微裂隙处，因此断裂带区域的最大轴向应变较大。随着纤维含量增加，试样的塑性增强，变形更加均匀，因此其最大轴向应变趋于减小。然而，随着纤维含量继续增加，加筋土中纤维的堆叠作用会导致薄弱面的产生，试样在受到拉应力作用时会沿着薄弱面产生裂隙，随应变增加裂隙发育明显，试样发生断裂，导致其断裂处的最大轴向应变增大。

3. 纤维长度对 DIC 测量结果影响规律

图 3-17 为最佳纤维含量时（$\eta = 0.6\%$）不同纤维长度加筋土拉伸破坏时刻的破坏照片及表面轴向应变场。由图 3-17 可知，纤维长度对加筋土的变形也有一定的影响，最大

轴向应变随着纤维长度的增加呈减小的变化趋势，6mm 试样显著大于其余长度的加筋土。分析原因：当纤维长度较小时，加筋土中纤维网络的搭接长度较小，纤维网络不能有效地抵抗试样所受的拉应力，试样微裂隙发育较早。随拉应力增加微裂隙迅速扩展，试样断裂。试样的变形发展主要集中于微裂隙处，因此其最大轴向应变较大。纤维长度较大时，纤维网络的搭接长度增加，试样变形更加均匀，最大轴向应变趋于减小。

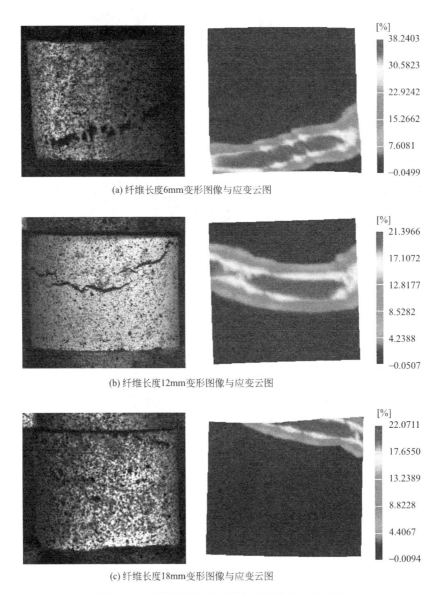

(a) 纤维长度6mm变形图像与应变云图

(b) 纤维长度12mm变形图像与应变云图

(c) 纤维长度18mm变形图像与应变云图

图 3-17　不同纤维长度下的变形图像与应变云图

3.3.6　干湿循环作用下数字图像相关方法（DIC）测量结果分析

1. 加载过程 DIC 测量结果

纤维添加可以改变土体的破坏特征，这已被加筋前后土体的破坏照片广泛证明。然

而，纤维加筋土在加载过程中的变形特性少有研究。为此本书选取纤维含量为 0.6%、5
次干湿循环时加筋土不同加载时刻下的 DIC 测量结果进行分析，如图 3-18 所示。由
图 3-18 可知，在拉伸试验过程中，试样首先在主应力面某一位置产生微裂纹，随着时间
增加微裂纹逐渐加宽加大，并沿着直径方向向四周扩展，最后形成一条肉眼可见的断裂
带。具体来看，当 $t=0s$ 时，试样无变形，应变场应变为 0。当 $t=25s$ 时，试样产生了微
裂纹，应变场也出现了相应的应变集中条带。随着加载时间的增加，微裂纹进一步发展。
相应地，应变集中条带中的应变继续增加。上述结果表明 DIC 技术可以有效地反映试样的破
坏和变形信息。此外，通过对比 25s 时的变形照片及表面应变场可知，变形照片中微裂纹未
贯穿整个试样，而应变场中的应变条带贯穿了整个试样。这表明采用 DIC 技术监测试样变形
时可以更早更加全面地获取试样的变形信息，这对于判别土工结构物的破坏十分有利。

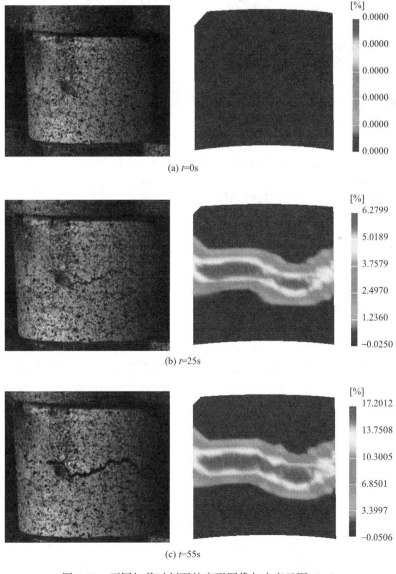

(a) $t=0s$

(b) $t=25s$

(c) $t=55s$

图 3-18　不同加载时刻下的变形图像与应变云图（一）

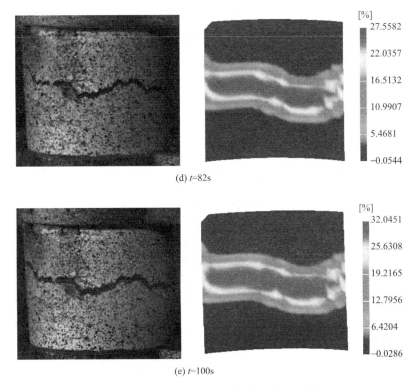

(d) t=82s

(e) t=100s

图 3-18　不同加载时刻下的变形图像与应变云图（二）

2. 干湿循环次数对 DIC 测量结果影响规律

　　上述试验结果表明纤维添加可以提高黄土抵抗干湿循环的能力。为进一步研究干湿循环对纤维加筋黄土拉伸变形特性的影响，分别选取不同干湿循环次数、不同纤维含量的 DIC 测量结果进行分析。图 3-19 为纤维含量为 0.6％时不同干湿循环次数下纤维加筋黄土破坏时刻的照片（左列）及相应的表面轴向应变场（右列）。由变形照片可知，所有试样断裂均发生在试样的中部，且断裂带基本呈水平分布与拉应力方向垂直，表明该试验方法可以有效获取加筋土的抗拉强度。由加筋土的表面应变场可知，所有试样均出现了明显的应变集中区域，其精确反映了破坏照片中断裂带的变形信息。随着干湿次数的增加，表面应变场中的最大轴向应变整体呈增大的趋势。这是因为反复的干湿循环作用会造成试样结构的损伤，拉伸试验时试样的变形主要集中于损伤区域，导致其应变场中最大轴向应变增加。表面轴向应变场试验结果有效反映了干湿循环对加筋土显著的劣化作用。

3. 纤维含量对 DIC 测量结果影响规律

　　图 3-20 为干湿循环 5 次时不同纤维含量加筋黄土破坏时刻的 DIC 测量结果。由变形照片可知，不同纤维含量加筋黄土的断裂破坏无明显区别，断裂带均位于试样的中部。通过表面应变场进一步来看，随着纤维含量的增加，试样表面的最大轴向应变整体呈先减小后增大的趋势。这是由于素黄土的脆性特性较强，试样的变形主要集中于干湿循环引起的软弱带中。相反，纤维添加提高了试样的塑性特征，试样变形整体比较均匀，因此其应变场中的最大轴向应变较小。然而，当纤维含量较大时，纤维的团聚作用会导致加筋土内部软弱面的产生，加筋土的变形破坏会集中于软弱面处，导致其表面应变场最大轴向应变增加。上

述结果表明采用纤维加筋改良土体时存在一个最优的纤维含量。在最优纤维含量时，纤维在土体中分布均匀，此时土体中的纤维网络可以更好地协调试样的变形，抵抗干湿循环效应。

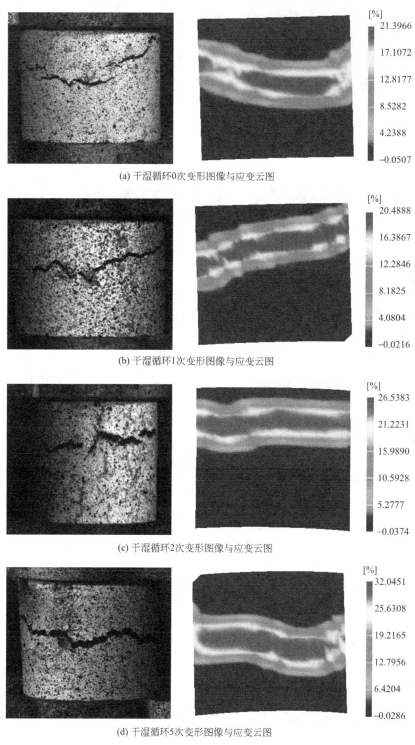

(a) 干湿循环0次变形图像与应变云图

(b) 干湿循环1次变形图像与应变云图

(c) 干湿循环2次变形图像与应变云图

(d) 干湿循环5次变形图像与应变云图

图 3-19　不同干湿循环次数下的变形图像与应变云图（一）

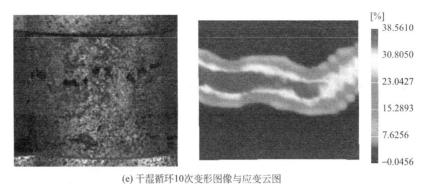

(e) 干湿循环10次变形图像与应变云图

图 3-19　不同干湿循环次数下的变形图像与应变云图（二）

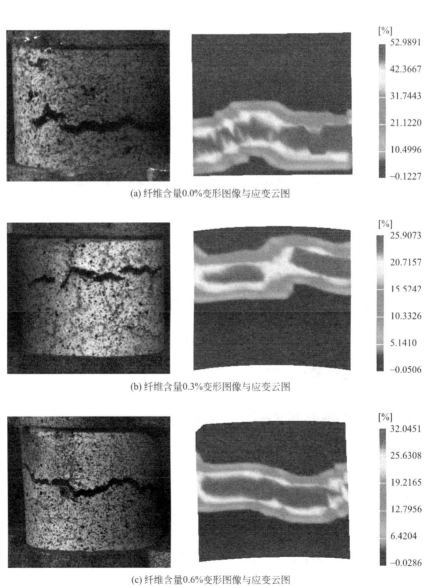

(a) 纤维含量0.0%变形图像与应变云图

(b) 纤维含量0.3%变形图像与应变云图

(c) 纤维含量0.6%变形图像与应变云图

图 3-20　不同纤维含量下的变形图像与应变云图（一）

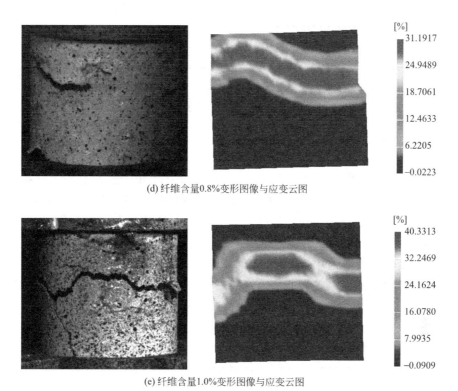

(d) 纤维含量0.8%变形图像与应变云图

(e) 纤维含量1.0%变形图像与应变云图

图 3-20 不同纤维含量下的变形图像与应变云图（二）

3.4 基于压缩的抗拉强度预测模型

由于土体的抗拉强度测试方法比较困难，因此目前仍没有统一的测试标准。对于加筋土的抗压强度来说，其测试方法统一且容易获取，因此本文拟通过加筋土的抗压强度来评估其抗拉强度。为此本书开展了相同纤维含量及纤维长度下加筋黄土的单轴压缩试验，试验结果如图 2-28 所示。由图 2-28 可知，纤维加筋黄土的单轴抗压强度随纤维含量及纤维长度增加均呈现出先增大后减小的变化趋势，这与加筋土抗拉强度的变化规律一致。为进一步研究其定量关系定义加筋土的抗拉-抗压强度比 R 来进行分析，如式（3-3）所示。表 3-1 给出了其计算结果。由表 3-1 可知，加筋土的抗拉-抗压强度比范围为 $0.17 \sim 0.24$，即抗拉强度约等于抗压强度的 1/5，这与 Yilmaz 的研究结果基本一致，证明加筋土的抗拉强度及抗压强度的确存在一定的比例关系。

$$R = \frac{q_t}{q_u} \tag{3-3}$$

单轴抗拉与单轴抗压强度比 表 3-1

纤维长度	纤维含量 $\eta/\%$				
L/mm	0	0.3	0.6	0.8	1.0
6	0.21	0.22	0.21	0.19	0.17

续表

纤维长度	纤维含量 η/%				
L/mm	0	0.3	0.6	0.8	1.0
12		0.20	0.24	0.22	0.19
18		0.21	0.22	0.22	0.18

上述结果表明加筋土抗拉强度与纤维含量及纤维长度的关系也可通过抗压强度来建立。根据加筋土单轴抗压强度的变化规律，本书采用 2D 抛物线方程式（3-4）对加筋土抗压强度与纤维含量及纤维长度的关系进行拟合，表 3-2 给出了其拟合参数，拟合结果良好，判定系数 R^2 可达 0.83，表明该式可以有效反映加筋土抗压强度与纤维含量及纤维长度的数学关系。根据式（3-4）及强度比 R 即可得到不同纤维条件时加筋土的抗拉强度。图 3-21 为强度比 R 等于 0.2 时加筋土抗拉强度预测值与试验值的比较结果。由图 3-21 可知，除纤维含量 0.6%、纤维长度为 12mm 的试样外，其他试样的预测抗拉强度与试验抗拉强度均位于 45°标识线的两侧，表明该预测模型可以有效获取加筋土的单轴抗拉强度。

$$q_{u} = z + a\eta + bL + c\eta^2 + dL^2 \tag{3-4}$$

纤维加筋黄土单轴抗压强度拟合参数   表 3-2

参数	z	a	b	c	d
数值	100.33	107.32	5.66	-89.86	-0.25

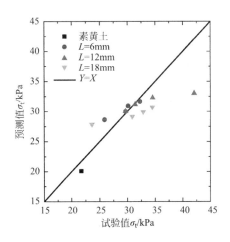

图 3-21   试验与预测单轴抗拉强度比较结果

3.5   本章小结

本章以西安黄土为试验对象，主要通过室内单轴拉伸试验、数字图像相关试验和干湿循环试验 3 方面对玄武岩纤维加筋黄土开展了研究工作，主要得到了以下结论：

（1）相比于未加筋黄土加筋黄土曲线的峰值应力及峰值应变均有一定程度的提升。素黄土在达到某一应变时发生脆性断裂。纤维加筋黄土出现了较长的峰后段曲线，且具有一定的残余强度，显现出明显的延性破坏特征。

（2）玄武岩纤维加筋黄土的抗拉强度随纤维含量及纤维长度的增加先增大后减小，纤维含量为 0.6％，纤维长度为 12mm 时的加筋效果最好。纤维加筋会提高黄土的破坏应变，破坏应变随纤维含量及纤维长度的变化趋势与加筋土抗拉强度的变化规律一致。

（3）DIC 技术可以精确反映试样断裂带的变形信息。加筋土表面应变场中的最大轴向应变随纤维含量及纤维长度的增加呈先减小后增大的变化趋势，其与加筋土抗拉强度及破坏应变随纤维含量及纤维长度变化呈相反的变化规律。在最优纤维含量及纤维长度时加筋土的变形更加均匀，试样的塑性更强。

（4）纤维加筋土的抗拉强度及抗压强度存在一定的比例关系，抗拉强度约等于抗压强度的 1/5。基于加筋土抗压强度与抗拉-抗压强度比建立的抗拉强度预测模型，可以有效获取加筋土的单轴抗拉强度。

（5）干湿循环对纤维加筋黄土应力-应变曲线的形态无明显影响，均为应变软化型。随干湿循环次数增加，所有纤维含量试样的峰值应力与峰值应变均逐渐减小。素黄土无明显的峰后段曲线，试样发生脆性断裂，而纤维加筋黄土具有一定的残余强度，表现出明显的延性破坏特征。

（6）纤维加筋黄土的单轴抗拉强度随干湿循环次数增加逐渐减小，随纤维含量增加先增大后减小，纤维含量为 0.6％时的加筋效果最好。干湿损伤结果表明加筋土强度在干湿循环初期损伤较为明显，随干湿进行趋于稳定。纤维加筋试样的损伤明显小于未加筋试样，在最优纤维含量时干湿损伤最小。

（7）纤维加筋黄土的破坏应变随干湿循环次数的增加逐渐减小，随纤维含量的增加呈现先增大后减小的变化趋势，纤维含量为 0.6％时破坏应变最大。破坏应变随干湿循环次数及纤维含量的变化规律与单轴抗拉强度完全一致，表明加筋土的强度与其抗变形的能力直接相关。

（8）加筋土表面应变场中的最大轴向应变随干湿循环次数增加整体呈增大的趋势，随纤维含量增加呈先减小后增大的变化趋势，与加筋土的单轴抗拉强度及破坏应变呈相反的变化趋势。纤维加筋提高了黄土的塑性特性，加筋土的变形更加均匀。

第4章 玄武岩纤维加筋黄土三轴剪切力学行为研究

纤维加筋提高黄土强度、改变其变形破坏特征是一个比较复杂的问题，前人已经对不同纤维条件下纤维加筋土物理力学性质的影响进行了初步研究，在本书前述章节中作者也对纤维加筋黄土的单轴压缩和单轴拉伸性能进行了探究，然而关于纤维含量及纤维长度对玄武岩纤维加筋黄土三轴剪切强度影响的研究鲜有报道。纤维含量及纤维长度改良土体强度程度的定量化关系尚不明确。基于此，本章选取西安 Q_3 原状黄土，制备不同纤维含量、纤维长度的玄武岩纤维加筋黄土试样，通过纤维加筋黄土的三轴剪切试验、数字图像试验、扫描电镜（SEM）试验，研究玄武岩纤维添加对黄土强度、变形及土-筋界面特征的影响，分析纤维添加对黄土强度及变形变化的作用机理。研究成果为探究玄武岩纤维添加对黄土强度改良机理具有重要的参考意义。

4.1 试验材料与试样制备

本章试验黄土、玄武岩纤维与前述第2、第3章一致，试样制备方法与前述第2、第3章一致，在此不再赘述。

4.2 试验方案

4.2.1 数字图像三轴剪切试验

三轴剪切试验方案中试样尺寸、干密度、含水率、纤维含量及纤维长度选取与前述第2、第3章玄武岩纤维加筋黄土单轴压缩、单轴拉伸试验方案一致，在此不再赘述。

本研究中三轴剪切试验采用大连理工大学工业装备结构分析国家重点试验室自主研发改进的数字图像三轴剪切设备，借助数字图像测量技术实现对加筋土试样轴向、径向和体积应变的非接触式测量。土样全表面变形数字图像测量系统是通过分析识别三轴试验过程中拍摄的土样图像确定土样的变形。该系统的采集原理为：利用 CMOS 相机采集剪切过程试样变形的数字图像，基于亚像素精度识别试样表面橡皮膜上的有限单元节点，实时跟踪节点位置，测定节点位移，根据节点位移应用有限元法计算试样表面应变，从而得到每一时刻试样表面的变形场和应变场，用于分析试样任意部分的局部变形、剪切带的形成和发展过程。

三轴剪切试验中，观测角度的不同将会导致对试样表面变形观测产生误差，由于每台摄像机最多只能拍摄180°的试样表面，为了测定试样全表面变形情况，该系统将三轴压力室设计为半圆形棱柱状，压力室前表面为透明平板钢化玻璃，压力室后壁安放两块反光镜，通过调节反光镜的位置使摄像机可以对称拍摄到反光镜中试样后侧表面图像，压力室内腔上下两端分别布置低功率 LED 灯箱，确保表面变形测量的光照充足。剪切拍摄过程中，摄像机正对压力室前表面，通过跟踪捕捉到每一特征点的信息后，首先对反光镜反射引起的图像失真和畸变等误差进行畸变修正，然后将摄像机拍摄的前表面和反光镜中的两个后表面图像展开投影到 X-Y 平面上，最后将三幅展开图像进行误差修正和拼接。此系统可以实现试样全表面每个角点变形信息的采集，应变的测量精度可以达到 10^{-4}。

数字图像三轴剪切设备由压力室、CMOS 工业相机、相机支架、柔性遮光罩、加载设备（轴压系统、围压系统、变形测量系统）及计算机软件组成，设备结构如图 4-1 所示。

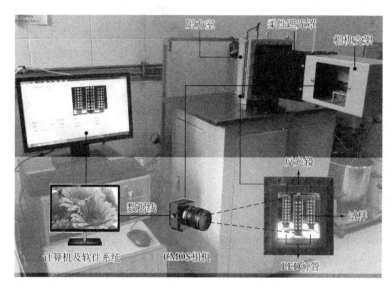

图 4-1　三轴剪切数字图像测量系统

非接触式数字图像测量系统三轴剪切试验的具体步骤如下：

（1）将橡皮膜套在试样外壁，然后在黑色橡胶模表面均匀印制 64 个白色方格作为识别标记，共 8 行 8 列，其尺寸为 7mm×7mm。将试样安放在压力室的底座后，调节样品角度，使黑色橡皮膜上的白色标记正对拍摄镜头。

（2）调节压力室内反光镜，使左右反光镜内画面对称，通过控制系统调整试样高度，使试样顶部试样帽刚好与顶罩接触后进行应变和应力清零。

（3）向压力室内注满纯水，待压力室顶部排气孔有水溢出时，关闭排气孔。

（4）固定摄像机支架，调整摄像机角度，使样品居中分布在画面中间。

（5）设置剪切速率以及围压等参数，施加预定围压。

（6）选择试样初始状态表面变形状态，并进行标定选点，作为初始参考状态。

图 4-2 给出了三轴剪切数字图像采集系统的主要试验步骤。

完成上述的准备工作后即可开始三轴剪切试验，试验过程中设备会自动记录剪切过程的表面变形状态，试验结束后将试验原始数据导入配套的后处理软件，可计算得到应力-应变曲线、表面应变场、体积应变等数据。

采用应变控制式三轴剪切仪进行不固结不排水（UU）三轴剪切试验。试验过程中剪切速率设定为 0.8mm/min。考虑到经受干湿循环效应的纤维加筋黄土层浅层分布的特点，其侧向压力相对较小，因而室内三轴试验采用较低围压，分别为 50kPa、100kPa、

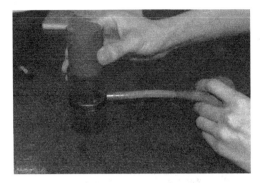

(a) 样品套模

(b) 试样安放

(c) 调节反光镜并安装压力室外罩

(d) 安装并调整摄像机角度

(e) 试验模式及剪切参数设定

(f) 选择初始状态

(g) 标定初始状态

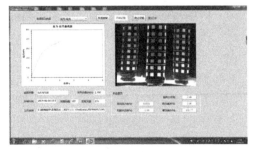

(h) 开始剪切

图 4-2　数字图像采集系统三轴剪切试验步骤

200kPa。剪切过程中若应力-应变关系表现为有峰值的软化型曲线，当峰值后轴向应变达到 3%～5% 时，结束试验；反之，若应力-应变关系表现为应变硬化型曲线，则以轴向应变达到 20% 作为剪切终止条件。

4.2.2 扫描电镜试验（SEM）

采用 FEI 公司生产的 Quanta 600 FEG 扫描电子显微镜观察素黄土与加筋土干湿循环后的土-筋界面特征，分析纤维添加对黄土微观结构变化的影响。电镜试验的具体过程如下所示：

（1）按照三轴试验制样方法制备相同的圆柱试样，利用小刀从圆柱试样中心区域取样，将所取试样削割成 2cm×1cm×1cm 的长方体，在长方体中部刻凹槽后将样品置于 45℃烘箱中烘干 24h 备用。

（2）沿着样品凹槽将其掰断后利用洗耳球轻吹样品截面，去除表层扰动颗粒及纤维。

（3）将新鲜的样品除观察面以外其余各面包裹锡纸并粘贴导电胶带后置于全自动磁控离子溅射仪内进行喷金，使得样品导电。

（4）喷金完成后将其置于场发射环境扫描电子显微镜下进行微观特征的观察。扫描电镜试验需经过制样、干燥、喷金、扫描等步骤，具体流程如图 4-3 所示。

(a) 包裹锡纸并粘贴导电胶带

(b) Emitech K550X 全自动磁控离子溅射仪

(c) 喷金导电处理后试样

(d) Quanta 600 FEG 场发射环境扫描电子显微镜

图 4-3　电镜试验设备及试验过程

4.3 试验结果与分析

4.3.1 三轴剪切试验结果分析

1. 应力-应变曲线

为了研究围压对加筋黄土三轴剪切特性的影响，控制纤维含量和纤维长度等条件相同，分析不同围压对加筋土试样应力-应变曲线形态和变化规律的影响。

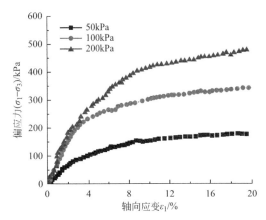

图 4-4 围压对素黄土应力-应变曲线的影响

图 4-4 为素黄土在围压分别为 50kPa、100kPa、200kPa 的应力-应变曲线。由图 4-4 可以看出，素黄土的偏应力随着主应变的增加随之增大，为典型的硬化型曲线。随着围压的增加，应力-应变曲线整体应变硬化的趋势越来越强，曲线的斜率越来越大，说明素黄土的强度随着围压的增大而增大，即增加围压可以提升土体的强度。且由图像可以看出应力-应变曲线可以划分为两个阶段：第一阶段应力-应变曲线近似线性增加，偏应力快速上升，反映出试样被快速压密进入弹性变形的过程；第二阶段应力-应变曲线缓慢上升，最后趋于平缓，反映出试样逐渐破坏的过程。

图 4-5 给出了纤维长度 6mm 时围压对纤维加筋黄土应力-应变的影响曲线，（a）、（b）、（c）、（d）分别为纤维含量 0.3%、0.6%、0.8%、1.0% 时的试验结果。由图 4-5 可以看出，纤维含量一定时，6mm 玄武岩纤维加筋土的应力-应变曲线均为应变硬化型，随着围压的增大偏应力值增大，应力-应变曲线由平缓逐渐变为陡峭型，即应力-应变曲线呈现出由弱应变硬化转变为强应变硬化型的趋势。在相同轴向应变下，偏应力随着围压的增大而增大，说明围压可以提升土体的抗剪强度。相似地，本研究中当纤维长度分别为 12mm、18mm 时也发现了相同的变化规律，在此不再赘述。比较素黄土与纤维加筋黄土的试验结果可知，围压对加筋土的应力-应变曲线形态无明显影响，但对其抗剪强度有显著影响。

由图 4-5 可以得出结论：素黄土和纤维加筋黄土的应力-应变曲线均为应变硬化型曲线，且随着围压的增大应变硬化的趋势越明显，应力-应变曲线的斜率增大，即围压可以约束试样的变形，提高素黄土与纤维加筋黄土的抗剪强度。前人通过扫描电镜等手段发现加筋土的改良效果主要与纤维和土颗粒之间的界面交互效应有关，认为纤维表面与土颗粒之间的黏结和摩擦作用是加筋土的主要力学机理。当试样在外荷载作用下发生变形时，土体变形产生的拉应力通过土筋界面摩阻力和咬合效应传递给纤维，纤维可以消耗一部分拉应力，从而有效地阻碍裂缝的产生与发展。且随着荷载增大，纤维与土颗粒界面之间的嵌挤效应增强，纤维与土颗粒之间产生相对滑移的可能性降低，纤维对土颗粒的约束效应越强，故随着偏应力的增大，加筋土与素黄土应力差越来越大，抗剪强度提高的比例越来越

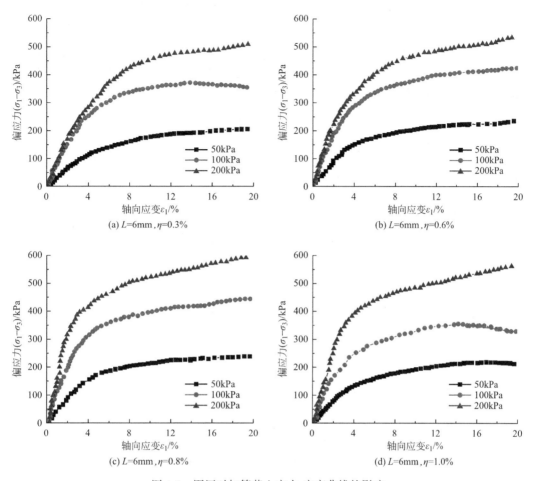

图 4-5　围压对加筋黄土应力-应变曲线的影响

显著。

　　为了研究纤维含量对加筋黄土三轴剪切特性的影响，控制纤维长度和围压相同，分析不同纤维含量对加筋黄土应力-应变曲线形态和变化规律的影响。

　　图 4-6 为围压等于 50kPa 时不同纤维含量加筋黄土的应力-应变曲线，（a）、（b）、（c）分别表示纤维长度为 6mm、12mm、18mm 时纤维含量对应力-应变的影响曲线。由图 4-6 可以看出，素黄土和纤维加筋黄土均表现出应变硬化特征，且纤维加筋黄土对应的偏应力与素黄土相比有较大提升。纤维加筋改良后黄土强度的增加是由于纤维与土颗粒的相互交织，使得加载过程中纤维与任何发展中的破坏区域相交，纤维的抗拉强度提高了试样的整体强度。然而，由图可以发现应力-应变曲线偏应力并不是随纤维含量增加一直增加，纤维长度为 6mm 时，纤维含量为 0.8% 的提升效果更佳，纤维长度为 12mm 和 18mm 时，最佳纤维含量为 0.6%，这表明纤维长度一定时，加筋黄土的强度存在一个最佳的含量范围，当纤维含量超过这个含量范围后强度会开始减小，围压为 100kPa、200kPa 时也发现了上述相同的规律。许多学者都得到了相似的研究结果。Ma 等采用亚麻纤维改良黏土发现纤维含量为 0.8% 时黏土的剪切强度最大。Patel 等发现黏土的无侧限抗压强度随着玻璃纤维含量的增加先增大后减小，最佳的纤维含量为 0.75%，认为纤维加筋土存在一个最佳

纤维含量的原因是由于纤维含量较大时，用于团聚纤维的土壤基质的可用量不足以形成土壤-纤维界面之间的有效结合，纤维的抗拉强度不能完全调动。总之，根据不同的力学试验和纤维类型可知加筋土存在一个最佳的纤维含量。在最佳掺量之外，纤维含量的增加减少了纤维在土壤中的无序分布，增加了纤维在土壤中的有序分布，纤维容易聚集，从而大大降低了界面摩擦和粘聚力。

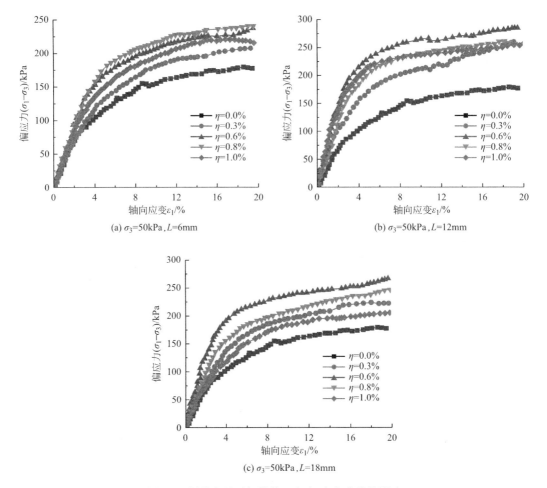

图 4-6 纤维含量对加筋黄土应力-应变曲线的影响

　　对比不同纤维含量的试验数据，可以发现玄武岩纤维加筋土的应力-应变特性曲线与纤维含量之间具有很强的关联性。素黄土应力-应变曲线的硬化趋势较小，而添加纤维会使土样的应力-应变曲线硬化趋势增强，曲线初始斜率也比素黄土的要大。但在应变较小时，素黄土和加筋土样的应力-应变曲线几乎重合，随着应变增大，应力-应变曲线逐渐出现分化，这反映出纤维改良特性并不是在剪切开始阶段就显示出来，而是当土体发生一定的变形时外荷载才能传递到纤维。此外，由图 4-6 可知 6mm 纤维含量为 0.8％时试样的应力-应变曲线最高，强度特性最佳，而 12mm 和 18mm 纤维在掺量为 0.6％应力-应变曲线最高。即纤维长度越小，最优纤维含量越大；纤维长度越大，最优纤维含量相对较小；显示出纤维含量与纤维长度的关联性。

为了研究纤维长度对加筋黄土三轴剪切特性的影响，控制试验围压和纤维含量相同，分析不同纤维长度对加筋黄土应力-应变曲线形态和变化规律的影响。

图 4-7 描述的是当围压为 100kPa 时，掺加相同纤维含量不同纤维长度试样的应力-应变曲线。由图 4-7 可以看出，纤维加筋黄土试样的应力-应变曲线均随着轴向应变的增加而增大，为应变硬化型曲线，即随着应变增大而增大，之后逐渐趋于稳定。加筋土的应力-应变曲线在偏应力应变较小时几乎重合，随着应变增大应力-应变曲线出现分化。这是由于试验所采用的玄武岩纤维直径很小，在轴向应变较小的时候，土颗粒与纤维之间的咬合摩擦力很小，同时土颗粒和纤维之间的相对位移也较小，不能提供较大的滑动摩擦，所以在应变发展前期土体所承受的外荷载不能有效传递给纤维，主要由土颗粒构成的框架承担外荷载，纤维对应变发展的抵抗作用体现不出来。但当应变发展到一定程度时，纤维与土颗粒之间的滑动摩擦力较大，可以为土体提供额外的粘聚力，纤维对土体变形形态的改良作用逐渐体现出来。

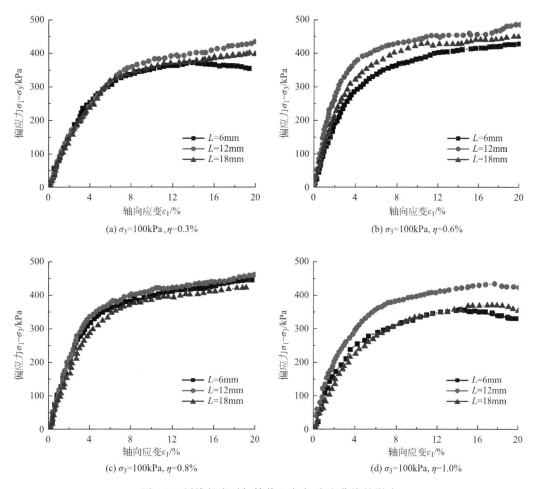

图 4-7　纤维长度对加筋黄土应力-应变曲线的影响

由图 4-7 可以发现，在相同轴向应变下，12mm 纤维试样的偏应力差较大，曲线的斜率相对较大，大于 6mm 及 18mm 时的剪切强度，这表明纤维加筋改良黄土强度时存在一个最佳的纤维长度。分析原因可以认为当纤维长度较小时，纤维在抵抗土样变形时土样的变形幅度大于纤维长度，故而纤维在土样变形过程中很快地被拔出，无法有效地连接变形土体，然而当纤维长度较大时，纤维在土体内部容易纠缠打结，影响其抵抗土样变形的能力，故而强度下降。同时可以发现在较低的纤维含量下，添加 18mm 纤维的试样的应力-应变曲线在 6mm 纤维试样的上方，这是因为纤维含量较低时，18mm 纤维在样品内可以比较容易地均匀分布开来，纤维团聚打结的现象很少，故可以提供更多的粘聚力，其改良效果比 6mm 纤维要更好。但纤维含量较高时，18mm 纤维不容易在黏土颗粒中分布开，纤维在土样内部打结和团聚效应明显，故强度改良效果不显著。

2. 破坏偏应力

在本次常规三轴剪切（UU）试验中，素黄土和纤维加筋黄土的应力-应变曲线均为应变硬化型。为进一步探究纤维含量、纤维长度对加筋黄土剪切强度的影响，取应力-应变曲线 15% 轴向应变相应的偏应力作为破坏偏应力进行分析。

图 4-8 给出了加筋黄土破坏偏应力随纤维含量的变化曲线，（a）、（b）、（c）分别为围压 50kPa、100kPa、200kPa 时的试验结果。由图 4-8 可知，纤维长度一定时，加筋黄土的破坏偏应力随纤维含量先增大后减小，纤维加筋存在一个最优的纤维含量。纤维长度

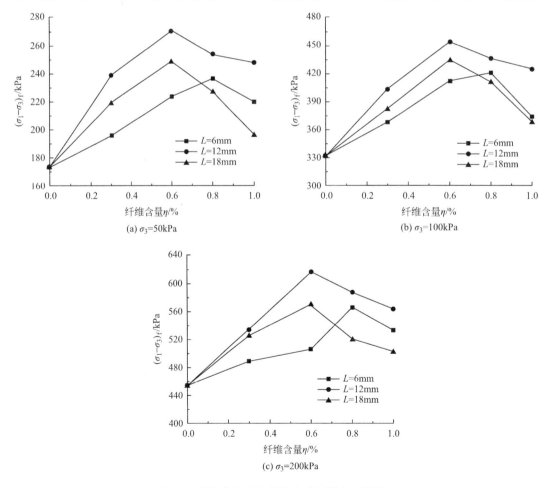

图 4-8　纤维含量对加筋黄土破坏偏应力的影响

6mm 时，纤维含量为 0.8％试样的破坏偏应力大于其他纤维含量；而纤维长度为 12mm 和 18mm 时最优纤维含量为 0.6％。这是因为纤维长度会影响纤维在土体中的分散程度，纤维较短时更容易在土体中分散开来，即纤维长度 6mm 时在高纤维含量条件下（$\eta=0.8\%$）短切纤维也可以在土体中分散良好。然而纤维长度为 12mm 和 18mm 时高纤维含量的纤维相对容易纠缠和团聚，故其最优纤维含量降低为 0.6％。且由数据可以发现，纤维长度为 18mm 试样的破坏偏应力在最优纤维含量之后衰减更为显著，这主要是因为长纤维在高纤维含量下更不容易在土体间均匀分散，故在纤维含量为 1.0％时加筋土的破坏偏应力衰减明显。

图 4-9 为围压为 50kPa、100kPa 和 200kPa 时加筋黄土的破坏偏应力随纤维长度的变化曲线。由图 4-9 可知，随着纤维长度的增加，纤维加筋黄土的破坏偏应力亦呈现先增大后减小的变化趋势。在相同围压和纤维含量条件下，12mm 短切纤维的破坏偏应力相对更大。以围压 100kPa 为例，纤维长度为 12mm 时，纤维含量 0.3％、0.6％、0.8％、1.0％加筋黄土的破坏偏应力分别为 402.56kPa、453.68kPa、436.23kPa、424.29kPa；而纤维长度为 6mm 时，纤维含量 0.3％、0.6％、0.8％、1.0％加筋黄土的破坏偏应力分别为

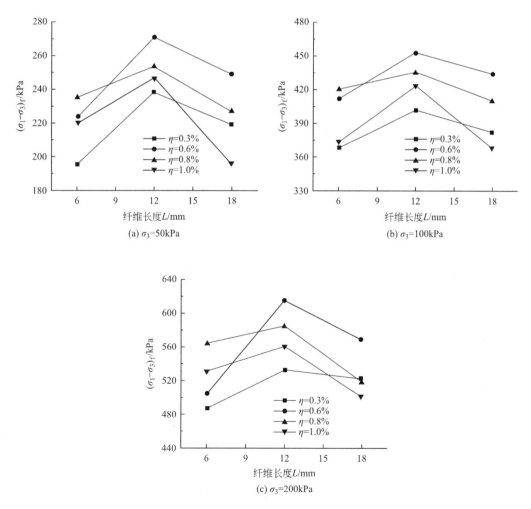

图 4-9 纤维含量对加筋黄土破坏偏应力的影响

368.31kPa、412.24kPa、420.29kPa、403.28kPa；纤维长度为 18mm 时，纤维含量 0.3%、0.6%、0.8%、1.0% 加筋土的破坏偏应力分别为 382.18kPa、434.37kPa、410.29kPa、367.58kPa。这主要是因为在相同纤维掺量下，12mm 纤维既可以比 18mm 的短切纤维分散更加均匀，也能提供比 6mm 纤维更可观的颗粒间黏结力，故 12mm 短切纤维为本研究的最佳纤维长度。

破坏偏应力随纤维含量和纤维长度呈现出以上变化规律，是因为均匀分布的纤维在试样内部构成空间网状结构，增大了土颗粒之间的有效接触面积，增强了试样的整体性。同时纤维表面与土颗粒之间的黏结和摩擦作用是纤维加筋土的主要力学机理，当土体在外力作用下发生变形时，纤维会消耗掉试样变形产生的部分拉应力，抑制土体裂缝的出现与发展，提高土体的抗剪强度。但纤维的含量并不是越多改良效果越好，纤维过多会导致纤维在土样中无法均匀地分布，产生局部富集和团聚现象，该部位土颗粒的有效接触面积减少，导致在土体中产生局部软弱面，加筋效果降低。土体强度随纤维长度存在一定的规律性，纤维长度较短时，相同工况下破坏偏应力随纤维长度增加而增加，但纤维长度达到 18mm 时，改良效果出现下降。这主要是因为纤维长度过长时在制样过程中纤维会产生缠绕和打结现象，导致局部位置纤维分布不均匀，改良效果降低。因此加筋土在实际工程中要合理控制纤维长度和纤维含量，才能达到更佳的改良效果。

3. 强度指标

在三轴剪切试验中评价土体抗剪强度的重要指标有两个，一是土体的粘聚力 c，二是土体的内摩擦角 φ。这两个指标是 1776 年库仑在抗剪强度理论公式中提出来的，库仑将抗剪强度关系曲线简化为线性函数，用内摩擦角和粘聚力两个指标来表征其函数关系。库仑抗剪强度公式为：

$$\tau = c + \sigma \tan\varphi \tag{4-1}$$

为获取加筋黄土的粘聚力和内摩擦角，首先通过控制围压变化以得到不同围压下的抗剪强度。然后，据此数据绘制出不同围压下加筋土的应力莫尔圆，并做出这一系列莫尔圆的公切线，公切线即为土体的抗剪强度包络线。抗剪强度包络线与纵坐标的截距即为试样的粘聚力，与水平方向的夹角即为内摩擦角。据此，根据加筋土的三轴剪切数据即可得到不同纤维含量、纤维长度试样的粘聚力和内摩擦角。

为了研究玄武岩纤维含量及纤维长度对加筋黄土粘聚力的影响，分别做出纤维含量、纤维长度与粘聚力之间的关系曲线，如图 4-10 所示。

图 4-10 (a) 为不同纤维长度加筋黄土的粘聚力与纤维含量之间的关系。由图 4-10 可以看出，加筋黄土的粘聚力普遍大于素黄土，粘聚力随着纤维含量增加呈现先增加后降低的趋势，各个纤维长度下试样粘聚力在纤维含量为 0.6% 时达到最大值，且由图像可以发现在纤维含量为 0.3% 和 1.0% 时，不同长度纤维的粘聚力差别较大，而在纤维含量为 0.6% 和 0.8% 时，加筋土的粘聚力差别较小。此外，纤维长度 18mm 时加筋黄土的粘聚力随着纤维含量的变化幅度最大，即纤维长度越长，加筋土的粘聚力对纤维含量越敏感，随纤维含量的变化幅度越大。

图 4-10 (b) 描述的是纤维含量分别为 0.3%、0.6%、0.8%、1.0% 时，加筋黄土的粘聚力与纤维长度之间的关系。由图可以发现加筋黄土的粘聚力亦随着纤维长度增加呈现

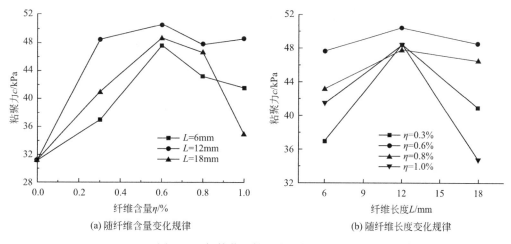

图 4-10　加筋黄土粘聚力变化规律曲线

先增加后降低的趋势，在各个纤维含量下纤维长度 12mm 试样的粘聚力最大。分析原因，纤维长度 6mm 时其长度较短，在土体中可以分散均匀，但由于纤维与土壤团聚体之间的黏结长度较小，不能提供有效的粘结强度，因此其粘聚力增加较小。纤维长度为 18mm 时由于其长度较大，在制样过程中纤维之间难以避免会产生纠缠和打结现象，造成土体中产生局部的纤维团簇，此时纤维在土体中的分散性较差，因此加筋土的整体强度和粘聚力下降。但纤维长度适中时（$L=12$mm），纤维既可以在土体中有效分散开，又能为土颗粒之间提供充分的黏结强度，故其粘聚力最大。

　　纤维之所以能提高土体的粘聚力，主要是因为纤维表面与土颗粒之间的黏结和摩擦作用。当土体在外荷载作用下发生变形时，试样变形产生的拉应力通过土-筋界面摩阻力和咬合效应传递给纤维，此时纤维较高的抗拉强度可消耗一部分拉应力，有效阻碍试样裂缝的产生与发展，并且随着外部荷载增大，筋-土界面间的嵌挤效应增强，纤维与土颗粒之间产生相对滑移的可能性降低，纤维对土颗粒的约束效应增强，故加筋土粘聚力要比素黄土的大。

　　为了研究玄武岩纤维含量及纤维长度对加筋黄土内摩擦角的影响，分别做出纤维含量、纤维长度与内摩擦角之间的关系曲线，如图 4-11 所示。

　　图 4-11（a）为不同纤维长度加筋黄土的内摩擦角与纤维含量之间的关系。由图 4-11（a）可以看出，纤维加筋黄土的内摩擦角稍大于素黄土，纤维长度为 6mm 和 18mm 试样的内摩擦角随纤维含量增加呈现波动的趋势，其中 6mm 加筋土纤维含量为 0.8％时内摩擦角最大，18mm 加筋土纤维含量为 0.6％时内摩擦角最大。而纤维长度 12mm 加筋土的内摩擦角随着纤维含量呈现出先增大后减小的趋势，且纤维含量 0.6％时内摩擦角最大。6mm 的短切纤维在土颗粒间相对容易的分散均匀，且纤维较短能充分地填充到土颗粒之间的空隙中，随着含量增大对土颗粒的空隙填充地更充分，故其内摩擦角最大时的纤维含量要比 12mm 和 18mm 的加筋土要高。而 12mm 和 18mm 的纤维长度相对较长，随着含量的增加在土样内部容易产生纠缠和打结，导致土颗粒局部排列不密实，内摩擦角呈现出先增大后减小的趋势。

　　图 4-11（b）描述的是不同纤维含量加筋黄土的内摩擦角与纤维长度之间的关系。由图 4-11（b）可以看出，纤维含量为 0.6％、0.8％和 1.0％加筋试样的内摩擦角随着纤维长度的增加，呈现出先增加后减小的趋势，且以 12mm 纤维对应的内摩擦角较大。纤维含

量为0.3%的试样内摩擦角随着纤维长度的增大呈现出微弱的增大趋势,以18mm纤维的内摩擦角最大。

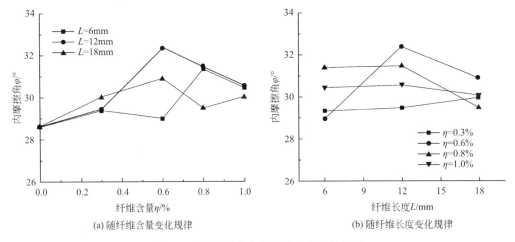

(a) 随纤维含量变化规律   (b) 随纤维长度变化规律

图4-11 加筋黄土内摩擦角变化规律曲线

总体来看,内摩擦角随纤维含量变化呈波动的趋势,波动幅度在$0°\sim4°$之间,由此可以看出纤维的添加对黄土的内摩擦角影响较小。这是因为土体的内摩擦角主要取决于土粒的粗糙程度和交错排列方式,而土颗粒粗糙程度及土颗粒的排列方式受纤维影响程度较小,因此加筋黄土内摩擦角与素黄土相比变化不大。由以上分析可以得出结论,玄武岩纤维对黄土的粘聚力影响较大,而对内摩擦角影响较小。

4.3.2 三轴剪切加筋效果分析

根据纤维加筋黄土的三轴剪切试验数据,即可得到加筋黄土破坏偏应力与纤维长度、纤维含量之间的变化规律。为了更直观地描述玄武岩纤维添加对黄土三轴剪切加筋效果的影响,同加筋黄土单轴压缩、单轴拉伸试验结果分析一致,在此引入加筋系数R来评价各因素对三轴剪切加筋效果的影响,其计算公式如(4-2)所示。

$$R = \frac{(\sigma_1 - \sigma_3)_f^R}{(\sigma_1 - \sigma_3)_f} \tag{4-2}$$

式中:R为加筋系数;$(\sigma_1-\sigma_3)_f^R$为加筋土的破坏偏应力;$(\sigma_1-\sigma_3)_f$为素黄土的破坏偏应力。素黄土的加筋系数为1。

基于三轴剪切试验得到的加筋土和素黄土的破坏偏应力数据,根据上式计算出不同工况的加筋系数,以此来评价纤维含量和纤维长度对加筋效果的影响,结果见表4-1。

加筋系数汇总表   表4-1

围压 σ_3/kPa	纤维长度 L/mm	纤维含量 η/%			
		0.3	0.6	0.8	1.0
50	6	1.13	1.29	1.36	1.27
	12	1.38	1.56	1.46	1.43
	18	1.12	1.44	1.31	1.13

续表

围压 σ_3/kPa	纤维长度 L/mm	纤维含量 η/%			
		0.3	0.6	0.8	1.0
100	6	1.11	1.24	1.27	1.22
	12	1.21	1.37	1.31	1.28
	18	1.15	1.31	1.24	1.11
200	6	1.08	1.11	1.25	1.17
	12	1.18	1.36	1.29	1.24
	18	1.16	1.26	1.15	1.11

为直观分析纤维含量、纤维长度以及围压对加筋黄土破坏偏应力的影响，在此选取具有代表性的工况作图进行阐述分析，结果如图 4-12 所示。

图 4-12 (a)、(b) 分别为围压 50kPa 和 200kPa 时，不同纤维长度加筋土加筋系数随纤维含量的变化结果。由图 4-12 可以看出，加筋系数随着纤维含量的增加呈现先增加后减小的变化趋势，但不同纤维长度加筋黄土相应的最优纤维含量不同，其中 6mm 纤维加筋土的最优纤维含量为 0.8%，而 12mm 和 18mm 纤维加筋土的最优纤维含量为 0.6%。这是由于纤维长度 6mm 时，其长度较短，在土体内不容易发生纠缠和打结，故其最优掺量相对较高，纤维长度较长时（12mm 和 18mm）纤维在土体内容易发生缠绕，故其最优掺量降低。据此分析可知，加筋土的加筋效果受纤维长度和纤维含量两种因素共同控制。

图 4-12 (c)、(d) 分别为围压 50kPa 和 200kPa 时，不同纤维含量加筋土加筋系数随纤维长度的变化结果。由图 4-12 可知，随着纤维长度的增大加筋系数亦呈现先增大后减小的变化趋势，纤维长度 12mm 时加筋效果最佳。这是因为纤维长度过长时纤维容易在土体内部纠缠成团，降低土颗粒间的有效连接，导致土体局部位置产生薄弱面，弱化其加筋效果。

图 4-12 (e) 为纤维长度 12mm，不同纤维含量加筋土随围压变化的加筋系数曲线。由图 4-12 可知，随着围压的增大加筋系数呈现降低的趋势。这是因为在低围压下，土体结构比较松散，添加纤维可以为土体提供额外的粘聚力，故其强度较素黄土提高显著。但在高围压下，素黄土和加筋土在围压约束下，土体结构已经很致密，在高围压下土体强度主要受围压控制，故加入纤维的改良效果降低。

4.3.3　试样破坏形态及表面应变场分析

加筋土和素黄土的剪切破坏形态和破坏模式存在一定的差异，但前人仅仅是通过剪切破坏照片去分析纤维加筋黄土和素黄土破坏形式的区别。将数字图像采集技术应用在三轴剪切试验中，可以实现对试样表面变形的非接触式监测，避免了常规三轴试验变形测量基于特定假设的系统误差，为三轴剪切试验变形测定提供了新的手段。数字图像测量系统相当于在三轴土样表面安装了多个非接触式局部位移传感器，通过高速相机实时采集剪切过程中试样表面角点变形，并通过软件后处理，将变形照片量化得到表面应变场图，从而更直观反映试样整体变形特性。本节基于玄武岩加筋黄土三轴剪切试验，在剪切过程中实时拍摄的加筋土样表面变形照片，结合试样变形数字图像和处理得到的应变场，分析加筋黄土的剪切变形发展过程，研究纤维含量、纤维长度及加载时间对三轴剪切破坏形态的影响。

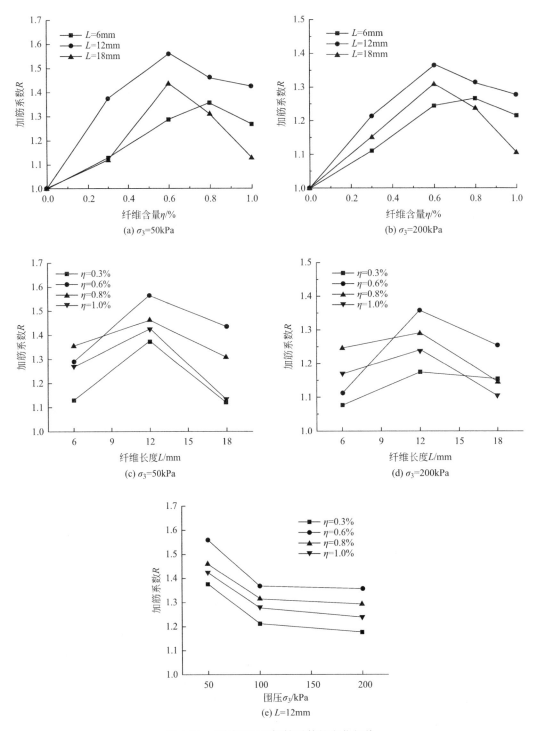

图 4-12　不同工况下加筋系数的变化规律

　　应变场图是将土样变形进行量化处理的结果，比试样变形图片描述变形情况具有更多的优势。因为应变场图是在固定坐标系（欧拉坐标系）下描述各点变形，而变形照片只能在变坐标系（拉格朗日坐标系）下表征试样变形。此外，由于剪切过程中试样会产生径向膨胀，因此平面变形照片无法进行拼接，而应变场图可通过归一化处理后进行横向拼接，故可更直观地反映试样整体变形特征。在下面讨论中，本书选取试样的破坏形态照片结合更直观的试样轴向应变场图来分析试样剪切变形特性。

1. 纤维含量对破坏形态及表面应变场影响

为了研究纤维含量对加筋黄土破坏形态的影响，控制围压和纤维长度相同，分析不同纤维含量的加筋黄土轴向应变场随纤维含量变化规律。

图 4-13 为纤维长度 $L=12\mathrm{mm}$，$\sigma_3=200\mathrm{kPa}$，纤维含量分别为 0.0%、0.3%、0.6%、0.8%、1.0% 样品的轴向应变场图。由图 4-13 可以看出素黄土破坏时产生了明显的剪切带，试样沿着剪切带上下发生相对错动，应变主要集中发生在剪切带内部，剪切带外应变较小而且均匀。其轴向应变场与破坏图像相对应，存在明显的条带状应变不均匀区域，其中大应变区域和剪切破坏带位置相同。纤维含量为 0.3% 的加筋土的破坏形态介于脆性破坏和塑性破坏之间，存在不显著的剪切破坏带，但土样的径向膨胀要比素黄土显著。而纤维含量为 0.6%、0.8%、1.0% 的加筋土为鼓胀型破坏形态，没有明显的剪切带，整体破坏形式比较均匀。由此可发现，在不添加纤维和纤维含量较小的情况下，土体的破坏形式为脆性破坏，存在显著剪切破坏带。随着纤维含量的增加，土体的破坏形式逐渐向塑性破坏转变，整体为鼓胀破坏。

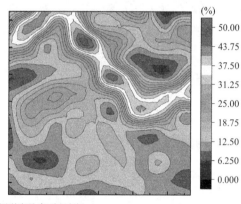

(a) 纤维含量$\eta=0.0\%$破坏形态及表面应变场

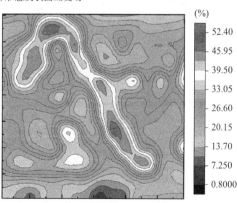

(b) 纤维含量$\eta=0.3\%$破坏形态及表面应变场

图 4-13　纤维含量对破坏形态及轴向应变场的影响（一）

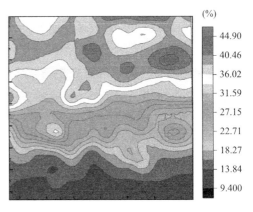

(c) 纤维含量η=0.6%破坏形态及表面应变场

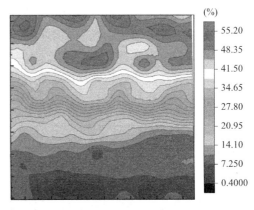

(d) 纤维含量η=0.8%破坏形态及表面应变场

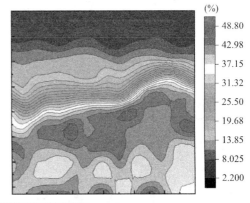

(e) 纤维含量η=1.0%破坏形态及表面应变场

图 4-13　纤维含量对破坏形态及轴向应变场的影响（二）

2. 纤维长度对破坏形态及表面应变场影响

为了研究纤维长度对加筋黄土破坏形态的影响，控制围压和纤维含量相同，分析不同纤维长度的加筋黄土轴向应变场随纤维长度变化规律。

图 4-14 为玄武岩纤维含量 0.8%，$\sigma_3 = 100\text{kPa}$，纤维长度分别为 6mm、12mm、

18mm 试样的表面轴向应变场分布图。由图 4-14 可以看出添加 6mm 纤维的黄土破坏时产生明显的剪切带，剪切带内变形明显大于剪切带外，剪切带上下土体沿着剪切带发生相对错动。其轴向应变场与破坏图像相对应，存在明显应变不均匀区域，其中大应变区域在曲面上基本可闭合，代表破坏剪切面。而 12mm 和 18mm 纤维的加筋土为鼓胀型破坏形态，

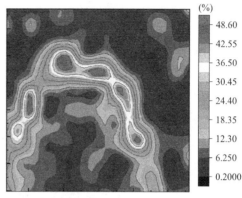

(a) 纤维长度L=6mm破坏形态及表面应变场

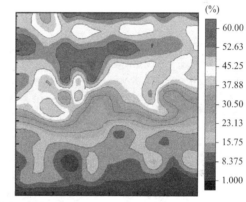

(b) 纤维长度L=12mm破坏形态及表面应变场

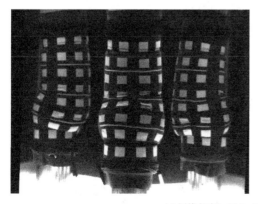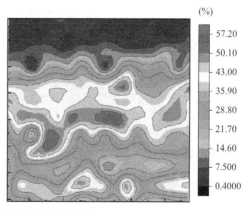

(c) 纤维长度L=18mm破坏形态及表面应变场

图 4-14　纤维长度对破坏形态及轴向应变场的影响

没有明显的剪切带，仅在鼓胀区和小应变区接触部位存在小范围褶皱，整体破坏形式比较均匀。对应轴向应变场大应变区域基本呈现横向分布，没有产生连贯的条带状大应变区域。由此可发现：在不添加纤维和纤维长度较短的情况下，土体的破坏形式为脆性破坏，存在显著剪切破坏带。随着纤维长度的增加，土体的破坏形式逐渐向塑性破坏转变，整体为鼓胀破坏。

3. 加载时间对破坏形态及表面应变场影响

为了研究素黄土和加筋土在剪切破坏过程中表面变形的发展规律，分别选取素黄土和典型工况下的纤维加筋黄土（$L=12mm$、$\eta=0.6\%$），研究剪切过程不同时刻试样变形情况和表面轴向应变场演变规律，对比分析添加纤维对土体破坏变形发展规律的影响。

图 4-15 为围压 200kPa 时不同加载时刻素黄土剪切变形情况。由变形照片可知，当试验加载至第 4min 时，试样表面变形整体均匀，轴向应变场没有明显的应变集中，仅仅在试样上端应变偏大，这与端部的应力集中效应有关。当试验加载至第 8min 时，由变形照片可知试样整体变形情况较协调，试样上端压缩变形稍大于试样下端，对比轴向应变场可发现上部顶端应变进一步发展，且在试样中上部局部位置产生大应变集中点，但整体上与周围区域的应变差异较小，对比第 4min 到第 8min 时的应变场发展情况，可以发现试样前期变形发展较慢。当加载至 12min 时，可以发现加载至第 8min 时产生的大应变集中点进

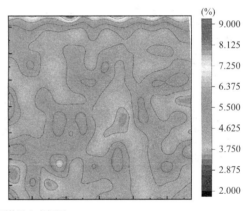

(a) 加载4min破坏照片及应变场图

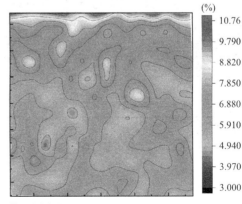

(b) 加载8min破坏照片及应变场图

图 4-15　素黄土不同加载时刻破坏形态及应变场图（一）

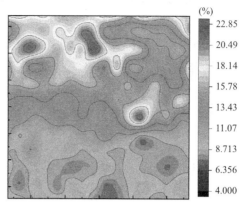

(c)加载12min破坏照片及应变场图

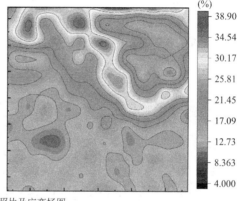

(d) 加载16min破坏照片及应变场图

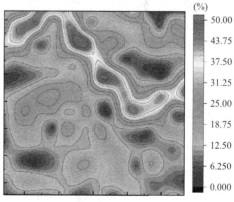

(e) 加载20min破坏照片及应变场图

图 4-15　素黄土不同加载时刻破坏形态及应变场图（二）

一步发展，扩展形成大应变集中区域，且该区域应变发展超过端部应变，观察变形照片可发现试样发生轻微的扭曲。当加载至第 16min 时试样中上部已经产生了小的剪切带，由轴向应变场可以发现试样表面形成了"Z"字形的大应变带状区域，此时剪切带已有贯通的趋势。对比带内和带外的应变数据可知带内应变发展速率要明显快于带外。当加载到第

20min 时，由变形图片可知试样已经形成贯穿的带状剪切区域，试样剪切带内的变形明显大于外部，甚至试样底部无显著变形。此时通过对比轴向应变场可以发现大应变区域比之前变窄，且带内变形进一步增大，而剪切带上下区域变形增速放缓，这就表明在剪切后期试样变形主要集中在剪切带内。

图 4-16 为围压 200kPa 时典型工况下纤维加筋黄土（$L=12$mm、$\eta=0.6\%$）的剪切变形结果。当试样加载至第 4min 时，试样表面变形均匀，轴向应变场也无大应变区域。当加载至第 8min 时，试样上部产生小的鼓状变形，该区域占比接近试样轴向尺寸的一半，轴向应变场产生横向的大应变条带。当加载至 12min，试样上部的鼓胀区域进一步发展，凸起更加的显著，但试样下部变形几乎无发展，应变场图中的大应变区域进一步加宽。当加载至 16min 时，可以发现试样鼓胀区域已经占据一半的轴向尺寸，轴向应变场已经产生明显的分化，分为下部的小应变均匀区域和上部的大应变条带区域。当加载至 20min 时，试样已经表现出鼓胀破坏，大应变区域的尺寸与试样尺寸达到同一数量级，因此不能视其为"局部大应变区域"，而是一种整体破坏形式。

对比图 4-15、图 4-16 可以发现，素黄土为典型的脆性破坏形式，在加载前期，试样变形均匀且增速较小，试样加载至中后期时试样产生剪切带，这时剪切带内的位移迅速增

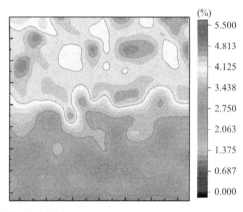

(a) 加载4min破坏照片及应变场图

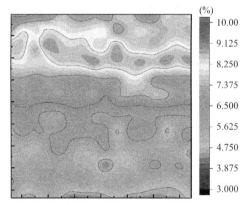

(b) 加载8min破坏照片及应变场图

图 4-16 加筋土不同加载时刻破坏形态及应变场图（一）

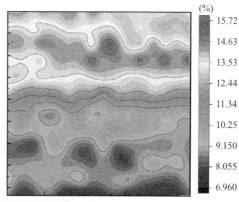

(c) 加载12min破坏照片及应变场图

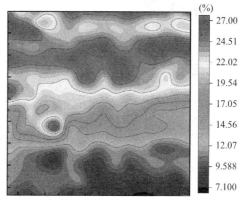

(d) 加载16min破坏照片及应变场图

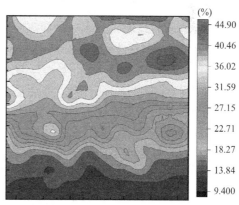

(e) 加载20min破坏照片及应变场图

图 4-16　加筋土不同加载时刻破坏形态及应变场图（二）

大，而带外应变增速放缓，试样沿着剪切带产生滑移，试样发生剪切破坏。而加筋土的剪切破坏过程表明其破坏模式为塑性破坏，不论是剪切前期还是后期，试样变形和应变发展均比较均匀和协调，破坏形式为整体鼓胀破坏。这是因为纤维在土体中相互交织形成空间网状结构，这种空间网状结构提高了土体的整体性。土体受外荷载作用时，纤维的空间网状结构可以实现土样内部剪应力的有效传递和均匀分布，协调剪切过程中的应力及变形发展，因此加筋土试样整体的受力和变形形式和素土相比要更加均匀。

4. 纤维添加对加筋土破坏时体应变影响

三轴剪切试验完成后，根据数字图像各标记点的位移数据即可计算得到加筋土试样的径向应变、体应变等。图 4-17 描述的是加筋土试样在轴向应变为 20％时的体应变与纤维含量及纤维长度的关系，图中的数码照片为不同试验条件下相应时刻的破坏结果。

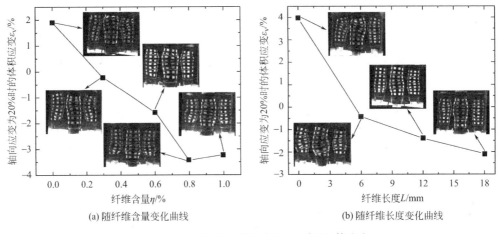

(a) 随纤维含量变化曲线　　　　　　(b) 随纤维长度变化曲线

图 4-17　纤维加筋土轴向应变 20％时的体应变

图 4-17（a）为围压 100kPa、纤维长度 18mm 时加筋土试样体应变随纤维含量变化的试验结果。由图 4-17 可知，随着纤维含量的增加，加筋土的体应变整体呈现出减小的趋势。素黄土的体应变在轴向应变为 20％时为正值，表明此时试样发生剪缩破坏。然而在添加纤维后，加筋土试样的体应变在轴向应变为 20％时均为负值，表明此时加筋土试样发生剪胀破坏。通过观察加筋土 20％轴向应变时试样破坏的数码照片可以发现，素黄土以及纤维含量为 0.3％的加筋土试样均出现了明显的剪切带，试样呈剪切破坏，随着纤维含量的增加，加筋土试样（0.6％、0.8％、1.0％）的破坏形态转变为鼓胀破坏。图 4-17（b）为围压 200kPa，纤维含量 1.0％时加筋土试样体应变随纤维长度的变化情况。由图 4-17 可知，加筋土的体应变随着纤维长度的增加逐渐减小，素黄土试样（$L=0$）在轴向应变为 20％时的体应变为正值，表明此时试样发生了剪缩破坏。加筋土试样 20％轴向应变时的体应变为负值，试样发生了剪胀破坏。通过观察此时试样破坏的数码照片可以发现，素黄土以及纤维长度为 6mm 的加筋土试样出现了明显的剪切带，纤维长度为 12mm、18mm时加筋土试样为鼓胀破坏。综合上述结果可知，随着纤维含量及纤维长度的增加，试样由剪缩向剪胀发生转变。加筋土的破坏模式由素黄土的脆性剪切带破坏转变为塑性鼓胀破坏。

4.3.4　SEM 微观结构分析

关于纤维加筋土的加筋机理，许多学者都进行了广泛研究。Tang 等通过扫描电镜等手段发现加筋土的改良效果主要与纤维和土颗粒之间的界面交互效应有关，认为纤维表面与土颗粒之间的黏结和摩擦作用是加筋土的主要力学机理。当土体在外荷载作用下发生变形时，纤维在土体内部被拉伸产生拉应力，拉应力通过土筋界面摩阻力和咬合效应传递给土体，消耗一部分剪应力，有效地阻碍裂缝的产生与发展。且随着荷载增大，纤维与土颗粒界面之间的嵌挤效应增强，纤维与土颗粒之间产生相对滑移的可能性降低，纤维对土颗粒的约束效应增强，故随着偏应力的增大，加筋土与素黄土应力差越来越大，抗剪强度提高的比例越来越显著。通过对比不同纤维条件下的试验结果，可以发现玄武岩纤维加筋土的剪切强度与纤维含量及纤维长度之间具有很强的关联性。为了研究纤维含量、纤维长度对加筋效果的影响，本节通过开展纤维加筋黄土的扫描电镜试验来研究不同工况下的土/筋界面特征，分析其加筋机理。

图 4-18 为加载前不同纤维含量以及不同纤维长度加筋土的扫描电镜结果。由图 4-18（a）可以发现，纤维含量为 0.3% 或 0.6% 时，纤维在土壤基质中分布比较均匀，很好地被互相连接或者互相胶结的土壤颗粒包裹。当纤维含量为 1.0% 时，纤维在土壤基质中出现了明显的带状分布，土体产生了明显的微裂隙，土颗粒胶结减弱，这与 Patel 等的研究结果相似，即纤维含量较多时，用于团聚纤维的土壤基质的可用量明显不足，造成了纤维的有序分布，使得大量纤维不能有效发挥其抗拉强度，同时降低了土颗粒的相互胶结作用，导致加筋土的强度开始下降。由图 4-18（b）可以看出，纤维长度为 6mm 时，纤维在土壤基质中分布均匀，随着纤维长度增加，纤维开始出现弯曲，少量纤维呈拱形分布，整体分布均匀，而当纤维长度增加到 18mm 时，纤维在土中呈不均匀分布状态，纤维集中分布于扫描截面的中部区域，垂直于扫描截面方向的纤维与平行于截面方向的纤维出现了纠

L=6mm, *η*=0.3%　　　　　　*L*=6mm, *η*=0.6%　　　　　　*L*=6mm, *η*=1.0%

(a) 纤维含量对加筋土微观结构的影响

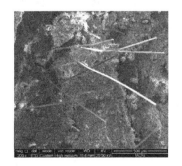

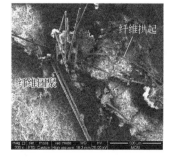

η=0.6%, *L*=6mm　　　　　　*η*=0.6%, *L*=12mm　　　　　　*η*=0.6%, *L*=18mm

(b) 纤维长度对加筋土微观结构的影响

图 4-18　不同纤维条件对土筋界面的影响

缠现象，纤维在土中开始团聚，加载过程中团聚的纤维不能有效发挥其抗拉强度，抵抗试样变形，最终导致加筋土的强度降低。

4.4 联合强度理论

在土的强度理论研究方面，大多数研究关注了土的抗剪强度，而忽略土材料固有的抗拉性能，尽管一定试验条件下其量值相对较小。但对于纤维加筋黄土而言，由于纤维的掺入，很可能显著影响其抗拉强度，故而在强度特性分析和理论描述中均需要对其抗拉强度特性予以合理考虑。许多工程问题中，土体发生开裂是由于土体的拉伸破坏引起的。土体在有拉应力条件下，破坏形式可能是剪切破坏，也可能是拉伸破坏，所以在有拉应力存在的复杂应力状态下，破坏状态的判断有时是比较困难的。将既能判断材料拉伸破坏，也能判断剪切破坏的强度理论称为联合强度理论。

根据三轴剪切试验数据可以绘制出土体的莫尔-库仑强度包线。若将莫尔-库仑强度包络线在拉剪区反向延伸，使其与 σ 轴相交，即可得到基于莫尔-库仑强度理论的土体抗拉强度理论值，然而将推导出的抗拉强度理论值与实际值进行对比，发现理论值通常为相应试验值的 3 倍左右。因此，根据莫尔-库仑强度线得到的抗拉强度夸大了土体的实际抗拉强度，在实际工程中此参数偏于危险。

针对岩石等脆性材料，Griffith 提出利用抛物线优化莫尔-库仑强度包络线，将强度线分为两段，τ 轴左侧采用单轴拉伸破坏强度进行抛物线拟合，τ 轴右侧则采用莫尔-库仑强度包络线的直线形式，两段在 τ 轴处光滑相接。Abbo 等通过经验双曲线函数对经典莫尔-库仑强度准则与最大拉应力准则进行拟合，来表示拉剪联合强度。随后，学者们基于土体的剪切和拉伸试验结果，分别采用双曲线型和抛物线型联合强度模型对土体进行研究，取得了可喜的进展。因此本节将基于已有的联合强度理论来建立考虑纤维添加后黄土的统一联合强度理论模型。

联合强度理论具体的处理方法为，基于单轴拉伸应力莫尔圆和三轴剪切应力莫尔圆，将莫尔-库仑强度线在拉剪区修正为光滑曲线，则可以在拉剪区和压剪区得到一条连续的强度破坏曲线，拟合得出的强度线不仅可以反映黄土的拉剪破坏，也可以反映黄土的压剪破坏，如图 4-19 所示。其中圆①表示土体应力状态为 $\sigma_3 = -\sigma_t$，此时土体产生拉伸破坏；圆②表示土体处于静力平衡稳定状态，既未发生拉伸破坏，也未发生剪切破坏；圆③则表示土体发生了剪切破坏。

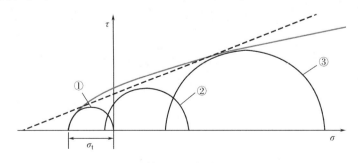

图 4-19　土体剪切与拉伸破坏示意图

4.4.1　抛物线型联合强度理论

根据莫尔提出的强度理论，"在极限状态下，滑动平面上的剪应力达到一个取决于正应力与材料性质的最大值"，并可以用函数关系表示为：

$$\tau = f(\sigma) \tag{4-3}$$

基于单轴拉伸和三轴剪切试验数据，即可得到不同应力状态下的破坏包络线。基于莫尔-库仑强度理论及现有的联合强度理论，可知土体的强度包络线呈现一种非线性关系，这里假定其破坏包络线为抛物线型，并设抛物线的表达式为：

$$\tau^2 = n(\sigma + \sigma_t) \tag{4-4}$$

式中：σ_t 为加筋土的单轴抗拉强度；n 为待定系数。

由上式确定的抛物线型强度包络线如图 4-20 所示，对图进行分析即可得到加筋土在不同应力状态下破坏强度的数学模型，即为抛物线型联合强度理论。

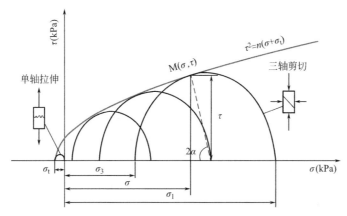

图 4-20　抛物线型联合强度包络线示意图

利用图中的几何关系有：

$$\frac{1}{2}(\sigma_1 + \sigma_3) = \sigma + \tau \cot 2\alpha \tag{4-5}$$

$$\frac{1}{2}(\sigma_1 - \sigma_3) = \frac{\tau}{\sin 2\alpha} \tag{4-6}$$

其中，τ，$\cot 2\alpha$ 和 $\sin 2\alpha$ 可由式 $\tau^2 = n\ (\sigma + \sigma_t)$ 及图 4-20 得到，计算公式为：

$$\tau = \sqrt{n(\sigma + \sigma_t)} \tag{4-7}$$

$$\frac{\mathrm{d}\tau}{\mathrm{d}\sigma} = \cot 2\alpha = \frac{n}{2\sqrt{n(\sigma + \sigma_t)}} \tag{4-8}$$

$$\frac{1}{\sin 2\alpha} = 1 + \frac{n}{4(\sigma + \sigma_t)} \tag{4-9}$$

将式（4-7）～式（4-9）带入式（4-5）和式（4-6）中，并消去式中的 σ，推导出抛物线型强度理论的主应力表达式为：

$$(\sigma_1 - \sigma_3)^2 = 2n(\sigma_1 + \sigma_3) + 4n\sigma_t - n^2 \tag{4-10}$$

单轴压缩状态时，$\sigma_3 = 0$，则 $\sigma_1 = \sigma_c$，式（4-10）变为：

$$n^2 - 2n(\sigma_c + 2\sigma_t) + \sigma_c^2 = 0 \tag{4-11}$$

单轴拉伸状态时，$\sigma_1 = 0$，则 $\sigma_3 = \sigma_t$，式（4-10）变为：

$$n^2 - 6n\sigma_t + \sigma_t^2 = 0 \tag{4-12}$$

根据式（4-10）～式（4-12）即可判断土体在不同应力状态下是否发生破坏。

4.4.2 双曲线型联合强度理论

受抛物线型模型启发，可以在 $\sigma\text{-}\tau$ 坐标系内用一条双曲线来拟合土体受到拉伸和剪切破坏时的强度包线。设该曲线在 σ 轴的截距为 σ_t，以莫尔-库仑直线为渐近线，在 $\sigma\text{-}\tau$ 坐标系内将莫尔-库仑直线延长至与 σ 轴相交，将此交点作为新的坐标系 $\sigma_0\text{-}\tau_0$ 的原点（图 4-21），两坐标系的坐标平移公式如下：

$$\left.\begin{array}{r} \sigma_0 = \sigma + c\cot\varphi \\ \tau_0 = \tau \end{array}\right\} \tag{4-13}$$

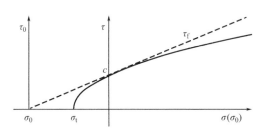

图 4-21 坐标平移示意图

在新的坐标系 $\sigma_0\text{-}\tau_0$ 内，设双曲线型联合强度的标准方程为：

$$\frac{\sigma_0^2}{a^2} - \frac{\tau_0^2}{b^2} = 1 \tag{4-14}$$

式中：a 为双曲线的实半轴；b 为双曲线的虚半轴。

在 $\sigma\text{-}\tau$ 平面内，双曲线模型与 σ 轴的交点坐标为 $(-\sigma_t, 0)$，因此经过坐标平移后在新坐标系 $\sigma_0\text{-}\tau_0$ 内它的坐标应为 $(c\cot\varphi - \sigma_t, 0)$，将此坐标代入式（4-14）双曲线方程中，化简可得：

$$(c\cot\varphi - \sigma_t)^2 = a^2 \tag{4-15}$$

式（4-14）两边同时乘以 $a^2 b^2$ 后化简可得：

$$\sigma_0^2 b^2 - \tau_0^2 a^2 = a^2 b^2 \tag{4-16}$$

以莫尔-库仑直线为双曲线模型的渐近线，该双曲线渐近线的斜率为：

$$\tan\varphi = \frac{b}{a} \tag{4-17}$$

将式（4-17）代入式（4-15）中，整理可得到：

$$(c - \sigma_t\tan\varphi)^2 = b^2 \tag{4-18}$$

将式（4-17）代入式（4-16），整理可得到：

$$\tau_0^2 = \sigma_0^2 \tan^2\varphi - b^2 \tag{4-19}$$

将式（4-18）和式（4-19）联立，可得到：

$$\tau_0^2 = \sigma_0^2 \tan^2\varphi - (c - \sigma_t\tan\varphi)^2 \tag{4-20}$$

式（4-20）即为在 $\sigma_0\text{-}\tau_0$ 坐标系下，由抗拉强度指标 σ_t，抗剪强度指标 c 和 φ 表示的双曲线强度公式。

将式（4-13）代入式（4-20），可得到在 $\sigma\text{-}\tau$ 平面内的双曲线强度公式：

$$\tau^2 = (c + \sigma\tan\varphi)^2 - (c - \sigma_t\tan\varphi)^2 \tag{4-21}$$

当土体在受到拉伸或剪切应力状况下，可根据式（4-21）来判断其是否达到破坏状态。

4.4.3 两种理论模型对比

为了验证两种联合强度理论公式在加筋土的适用性，首先需要确定纤维加筋土的单轴抗拉强度以及三轴剪切强度指标 c、φ 值。单轴抗拉强度由单轴拉伸试验获得，如图 3-5 所示。剪切强度指标由上述三轴试验获得，如图 4-10 和图 4-11 所示。

单轴抗拉强度以及三轴剪切强度指标确定之后，分别根据式（4-4）和式（4-21）对两种联合强度理论进行拟合，比较两种模型的适用性。这里选择素黄土和六种不同工况下纤维加筋黄土的试验数据绘制了 3 种强度准则的对比图，如图 4-22 和图 4-23 所示。图中四个应力莫尔圆分别为三轴剪切试验和单轴拉伸试验莫尔圆，黑色虚线为莫尔-库仑强度包络线，粗实线为抛物线联合强度理论拟合曲线，细实线为双曲线联合强度理论拟合曲线。由图可知拟合曲线上每一点切线的斜率随着主应力的变化而变化，克服了莫尔-库仑强度准则中内摩擦角为常数这一限制条件。

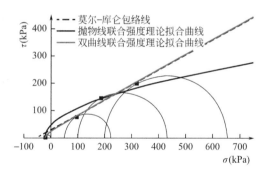

图 4-22 素黄土两种强度理论拟合对比

通过比较两种联合强度理论模型的拟合结果，可以发现两类模型在拉剪区域均能很好地与应力莫尔圆相切，但在剪切区域两者拟合程度存在明显差异。由图 4-22 可以看出，在剪切区域抛物线型拟合曲线斜率明显低于莫尔-库仑强度包线，表示拟合曲线内摩擦角比实际值要偏小，与莫尔-库仑强度准则得到的内摩擦角误差较大。而双曲线型模型在剪切区域近似与莫尔-库仑包线重合，和试验结果拟合程度良好，可以很好地判断剪切状态下加筋土的破坏强度。另外对比两种模型拟合结果的相关性系数，可发现抛物线型联合强度理论在不同纤维条件下的 R^2 介于 0.94 和 0.95 之间，而双曲线型联合强度理论的 R^2 均大于 0.99，这也表明了双曲线模型的拟合程度优于抛物线型模型。由以上分析可得出结论：双曲线型联合强度理论模型更适合判断纤维加筋黄土复杂应力状态下的破坏情况。

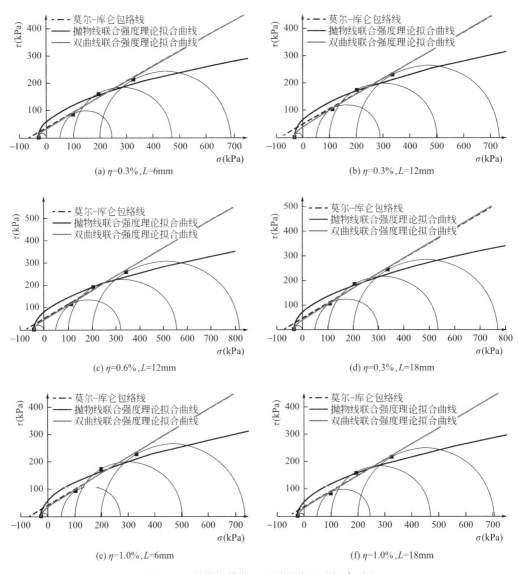

图 4-23　纤维加筋黄土两种强度理论拟合对比

　　双曲线联合强度理论模型确定之后，发现对于不同纤维条件下的加筋土需要采用不同的抗拉强度、粘聚力及内摩擦角进行拟合，不便于实际工程应用。由式（4-21）可知，纤维加筋黄土的双曲线型联合强度理论方程由粘聚力、内摩擦角以及抗拉强度共同决定，下面将以素黄土试验结果为基础，假定其粘聚力为 c_0，内摩擦角为 φ_0，抗拉强度为 σ_{t0}，拟合得到纤维加筋黄土的粘聚力 c，内摩擦角 φ 以及抗拉强度 σ_t 与素黄土指标的关系式，从而简化不同纤维条件的联合强度理论方程。根据前面的试验结果选取最佳纤维长度为 12mm 的试样为代表，拟合得到其不同含量下加筋黄土的指标与素黄土指标的关系式，拟合结果如下所示：

$$c = c_0(a + b\eta) \tag{4-22}$$

$$\varphi = \varphi_0(d + e\eta) \tag{4-23}$$

$$\sigma_t = \sigma_{t0}(f + g\eta + h\eta^2) \tag{4-24}$$

式中：η 表示纤维含量，a、b、d、e、f、g、h 为拟合参数。粘聚力、内摩擦角以及抗拉强度的 R^2 均达到 0.99，拟合相关性较好，拟合参数的值见表 4-2。

纤维土指标的拟合参数　　　　　　　　　　表 4-2

a	b	d	e	f	g	h
1.5803	-0.0255	1.0472	0.0520	0.1425	5.8767	-4.8572

纤维加筋土的强度指标与素黄土的强度指标关系确定之后，通过联立式（4-21）～式（4-24）即可得到不同纤维条件下加筋土的统一联合强度理论模型。为了验证加筋土统一联合强度理论模型的适用性，将莫尔-库仑准则中任意一点的应力状态公式得到的剪应力 τ 和统一联合强度理论模型得到的剪应力 τ 进行比较分析。

首先把不同纤维条件下三个不同围压下加筋土应变为 15% 处的剪切强度代入式（4-25）得到一组相应的应力值 σ，τ，再将 σ 值以及由式（4-22）～式（4-24）得到的拟合指标代入式（4-21）得到一组新的剪应力 τ，然后将式（4-25）得到的剪切力 τ 作为试验实测值，将式（4-21）得到的剪切力 τ 作为计算值，对两者进行比较分析。

$$\left.\begin{aligned}\sigma &= \frac{1}{2}(\sigma_1 + \sigma_3) + \frac{1}{2}(\sigma_1 - \sigma_3)\cos 2\alpha \\ \tau &= \frac{1}{2}(\sigma_1 - \sigma_3)\sin 2\alpha\end{aligned}\right\} \tag{4-25}$$

图 4-24 所示的是根据莫尔-库仑准则和统一联合强度理论模型分别计算的剪应力 τ 的比较结果，可以发现统一联合强度理论模型计算得到的剪应力与实测的试验结果较为吻合，大致分布于 45 度标识线的两侧。为了定量地描述模型的精确性，对联合强度理论模型计算的结果与试验实测结果进行误差性分析。误差性分析的数据组共计 12 组，包括 3 个不同围压下 4 个纤维含量（0.3%、0.6%、0.8%、1.0%）的 12 个试样。下面根据式（4-26）和式（4-27）计算 12 组数据的均方根误差（RMSE）以及标准均方根误差（NRMSE），计算的结果见表 4-3。

$$\text{RMSE} = \sqrt{\frac{\sum_{i=1}^{n}(\tau_{f,\text{test}_i} - \tau_{f,\text{model}_i})^2}{n}} \tag{4-26}$$

$$\text{NRMSE} = \frac{\text{RMSE}}{\text{Max}(\tau_{f,\text{test}}) - \text{Min}(\tau_{f,\text{test}})} \tag{4-27}$$

式中：n 表示数据组数；$\tau_{f,\text{test}}$ 和 $\tau_{f,\text{model}}$ 分别表示试验实测值与统一联合强度理论模型计算值。

根据图 4-24 的结果比较并考虑表 4-3 中计算得到的 RMSE 和 NRMSE 的值，可以发现由纤维加筋土统一联合强度理论模型反映的复杂应力状态与试验实测结果一致性较好，可以很好地反映出纤维加筋黄土的复杂应力状态。此外根据统一

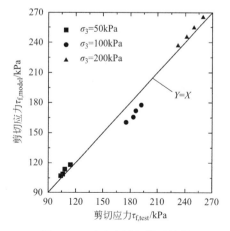

图 4-24　试验实测与模型计算
剪应力的比较结果

联合强度理论模型计算的剪应力与试验实测值的相关性分析结果可以得到，统一联合强度理论模型的计算值与试验实测值之间的 R^2 为 0.987，显著性概率小于 0.01，表明两者之间显著相关。

试验实测与模型计算的剪应力的定量比较结果 表 4-3

纤维长度 L/mm	纤维含量 $\eta/\%$	50kPa		100kPa		200kPa	
		实测	计算	实测	计算	实测	计算
		$\tau_{f,\text{test}}$	$\tau_{f,\text{model}}$	$\tau_{f,\text{test}}$	$\tau_{f,\text{model}}$	$\tau_{f,\text{test}}$	$\tau_{f,\text{model}}$
12	0.3	103.77	107.07	175.25	160.30	232.31	236.54
	0.6	114.19	118.19	191.59	177.56	260.18	265.32
	0.8	107.98	113.41	186.03	171.73	249.86	255.45
	1.0	106.26	108.73	182.8	165.71	241.89	245.79
数据组数(n)							12
Max($\tau_{f,\text{test}}$)							260.18
Min($\tau_{f,\text{test}}$)							103.77
RMSE(kPa)							9.43
NRMSE(%)							6.0%

4.5 统计损伤本构模型

在模拟土体应力-应变特性时，学者们从不同角度提出了邓肯-张（Duncan-Chang）、剑桥（Cam-Clay）、拉特-邓肯（Lade-Duncan）、统一硬化（UH）等本构模型。这些模型通常从宏观的角度考虑土体的力学性质和应力-应变关系，将土体视为连续介质。然而，土壤是一种多相介质组成的复杂材料，其中含有许多随机分布的孔隙、孔洞、界面等缺陷。在这些因素的影响下，土的强度在加载过程中是随机变化的。基于微单元强度的统计损伤本构关系为解决这一问题提供了新的思路，可以更好地覆盖岩土材料中的随机分布缺陷。Lai 等将该理论扩展到土力学中，建立了冻土的单轴和三轴统计损伤本构模型。纤维加筋土同样作为一种多相介质的岩土材料，由于其具有较强的塑性，因此加筋土的本构模型研究较为复杂。本节基于统计损伤方法来简化加筋土的复杂特性，并假定其细观尺度上的微元强度与岩石等脆性材料一样服从威布尔分布，在此基础上，建立纤维加筋黄土的统计损伤本构模型。

4.5.1 损伤变量的建立

根据 Lemaitre 应变等价性原理：全应力 σ 作用在受损材料上引起的应变与有效应力 σ' 作用在无损材料上引起的应变等价。根据这一原理，只需用有效应力来取代无损材料本构关系中的名义应力，即可得到损伤材料的本构关系：

$$[\sigma] = [\sigma'](1-D) = [E][\varepsilon](1-D) \tag{4-28}$$

式中：$[\sigma']$ 和 $[\sigma]$ 分别为有效应力矩阵和名义应力矩阵；$[E]$ 为材料的弹性矩阵；$[\varepsilon]$

为应变矩阵；D 为损伤变量。

由式（4-28）可知，土体损伤本构关系建立的关键是损伤变量 D 的确定。由于土体内部结构的非均质性，因此土体中存在许多强度不同的薄弱环节，土体内部各微元体所具有的强度就不尽相同，考虑到土体在加载过程中的损伤是一个连续过程，假设：①土体材料的性质在宏观上表现为各向同性；②土体微元在破坏前服从胡克定律，即微元具有线弹性性质；③各微元强度服从 Weibull 分布，其概率密度函数为：

$$P(F) = \frac{m}{a} \left(\frac{F}{a} \right)^{m-1} \exp \left[-\left(\frac{F}{a} \right)^{m} \right] \tag{4-29}$$

式中：F 为土体微元的强度水平；m 及 a 为 Weibull 分布参数，反映土体材料的力学性质。土体材料的损伤就是由这些微元体的不断破坏引起的。设在某一级载荷作用下已破坏的微元体数目为 N_f，定义统计损伤变量为已破坏微元体数目与总微元体数目 N 之比，即：

$$D = \frac{N_f}{N} \tag{4-30}$$

这样，在任意区间 $[F, F+dF]$ 内已破坏的微元数目为 $NP(y) dy$，当加载到某一水平 F 时，已破坏的微元数目为：

$$N_f(F) = \int_0^F NP(y) dy = N \left\{ 1 - \exp \left[-\left(\frac{F}{a} \right)^{m} \right] \right\} \tag{4-31}$$

将式（4-31）代入式（4-30）即可得到损伤变量 D 为：

$$D = \int_0^F P(F) dx = 1 - \exp \left[-\left(\frac{F}{a} \right)^{m} \right] \tag{4-32}$$

4.5.2　统计损伤本构模型的建立

材料的破坏准则可采用一个通式表示为：

$$f(\sigma) - K_0 = 0 \tag{4-33}$$

式中：K_0 为强度参数，如果 $f(\sigma) - K_0 \geqslant 0$，这说明材料微元屈服或破坏。由此可说明 $f(\sigma)$ 反映土体微元破坏的危险程度，因此，$f(\sigma)$ 可以作为土体微元强度随机分布的分布变量，令：

$$F = f(\sigma) \tag{4-34}$$

根据式（4-34）可知，判定土体微元是否破坏需要确定土体微元强度的强度准则。常规土力学中，目前常用的屈服准则包括 Tresca 准则、Mises 准则、莫尔-库仑准则和 Drucker-Prager 准则等。其中 Drucker-Prager 准则简单实用，能合理反映岩土材料的粘聚力和内摩擦效应，广泛应用于土力学研究和工程领域。据此，这里引入 Drucker-Prager 准则反映土体的微元强度 F：

$$F = f(\sigma) = \alpha_0 I_1 + J_2^{1/2} = \frac{\sqrt{3} c \cos\varphi}{\sqrt{3 + \sin^2\varphi}} \tag{4-35}$$

$$\alpha_0 = \frac{\sqrt{3} \sin\varphi}{3\sqrt{3 + \sin^2\varphi}}$$

$$I_1 = \sigma'_1 + \sigma'_2 + \sigma'_3 = \frac{(\sigma_1 + 2\sigma_3)E\varepsilon_1}{\sigma_1 - 2\mu\sigma_3}$$

$$J_2^{1/2} = \frac{(\sigma'_1 - \sigma'_2)^2 + (\sigma'_2 - \sigma'_3)^2 + (\sigma'_1 - \sigma'_3)^2}{6} = \frac{(\sigma_1 - \sigma_3)E\varepsilon_1}{\sqrt{3}(\sigma_1 - 2\mu\sigma_3)}$$

式中：c，φ 分别为粘聚力和内摩擦角；I_1 为应力张量的第一不变量；J_2 为应力偏张量的第二不变量；α_0 为与土体材料性质有关的参数。

根据三轴试验的研究结果，可以计算得出 I_1 和 J_2 的值，将其代入式（4-35）即可得到微元强度 F，再将式（4-35）代入式（4-32）即可得到土体的损伤演化变量，最后结合式（4-28）和式（4-32）即可得到土体损伤的本构关系。由于常规三轴试验时围压应力 $\sigma_2 = \sigma_3$，相应的围应变有 $\varepsilon_2 = \varepsilon_3$，故式（4-28）可简化为：

$$
\begin{aligned}
&\sigma_1 = E\varepsilon_1 \exp\left[-\left(\frac{F}{a}\right)^m\right] + 2\mu\sigma_3 \qquad (1) \\
&\sigma_3 = E\varepsilon_3 \exp\left[-\left(\frac{F}{a}\right)^m\right]/(1-\mu) + \mu\sigma_1/(1-\mu) \quad (2)
\end{aligned}
\tag{4-36}
$$

4.5.3　模型参数的确定

上述式（4-36）即为土体损伤的本构关系，这里的重点是确定 Weibull 分布参数 m 和 a 的值。根据三轴试验的结果，其试验曲线满足以下几何条件：（Ⅰ）$\varepsilon_1 = \varepsilon_f$，$\sigma_1 = \sigma_f$；（Ⅱ）$\varepsilon_1 = \varepsilon_f$，$d\sigma_1/d\varepsilon_1 = 0$。$\varepsilon_f$ 为试样的峰值应变，σ_f 为峰值应变相应的应力值。

将条件（Ⅰ）代入式（4-36）的（1）式，可得：

$$\sigma_f = E\varepsilon_f \exp\left[-\left(\frac{F_c}{a}\right)^m\right] + 2\mu\sigma_3 \tag{4-37}$$

式中：F_c 为曲线峰值点对应的 F 值，为一定值。则上式可变换为：

$$\exp\left[-\left(\frac{F_c}{a}\right)^m\right] = (\sigma_1 - 2\mu\sigma_3)/E\varepsilon_f \tag{4-38}$$

再由条件（Ⅱ）可以得到另一个关于 a 和 m 的关系式，其关键是 $d\sigma_1/d\varepsilon_1$ 的求解。下面采用多元函数求全微分的方法来求解 $d\sigma_1/d\varepsilon_1$，将 σ_1、σ_3 视为 ε_1、ε_3 的函数，于是有下面的全微分形式为：

$$d\sigma_1 = \frac{\partial \sigma_1}{\partial \varepsilon_1}d\varepsilon_1 + \frac{\partial \sigma_1}{\partial \varepsilon_3}d\varepsilon_3 \tag{4-39}$$

对式（4-36）两边取微分，则：

$$
\begin{cases}
d\sigma_1 = H_1 d\varepsilon_1 + H_2 dF + H_3 dm + H_4 da + 2\mu d\sigma_3 \\
d\sigma_3 = L_1 d\varepsilon_3 + L_2 dF + L_3 dm + L_4 da + \mu/(1-\mu)d\sigma_1
\end{cases}
\tag{4-40}
$$

上式中对 dF 进一步求全微分，将其化为仅含 $d\varepsilon_1$，$d\varepsilon_3$，$d\sigma_1$，$d\sigma_3$ 的形式，则上式中 $d\sigma_1$，$d\sigma_3$ 两项的形式分别为：

$$
\begin{cases}
dF = F_{11}d\varepsilon_1 + F_{12}d\sigma_1 + F_{13}d\sigma_3 \\
dF = F_{21}d\varepsilon_3 + F_{22}d\sigma_1 + F_{23}d\sigma_3
\end{cases}
\tag{4-41}
$$

对于 dm、da 的求解，假定 m、a 仅为围压的函数，则有：

$$dm = m_3 d\sigma_3, \quad da = a_3 d\sigma_3 \tag{4-42}$$

式中：m_3、a_3 为有关系数，不为常数。所以，将式（4-41）、式（4-42）代入式（4-40），可得：

$$\begin{cases}(H_2F_{12}-1)\mathrm{d}\sigma_1+(H_2F_{13}+H_3m_3+H_4F_3+2\mu)\mathrm{d}\sigma_3+(H_1+H_2F_{11})\mathrm{d}\varepsilon_1=0\\ [\mu/(1-\mu)+L_2F_{22}]\mathrm{d}\sigma_1+(L_2F_{23}+L_3m_3+L_4F_3)\mathrm{d}\sigma_3+(L_1+L_2F_{21})\mathrm{d}\varepsilon_3=0\end{cases}$$

$$(4-43)$$

将方程组简化得：

$$\begin{cases}U_1\mathrm{d}\sigma_1+U_2\mathrm{d}\sigma_3+(H_1+H_2F_{11})\mathrm{d}\varepsilon_1=0\\ V_1\mathrm{d}\sigma_1+V_2\mathrm{d}\sigma_3+(L_1+L_2F_{21})\mathrm{d}\varepsilon_3=0\end{cases}$$

$$(4-44)$$

解上述方程式，消去 $\mathrm{d}\sigma_3$，则：

$$\mathrm{d}\sigma_1=\frac{V_2(H_1+H_2F_{11})}{V_2U_1-V_1U_2}\mathrm{d}\varepsilon_1+\frac{U_2(L_1+L_2F_{21})}{V_2U_1-V_1U_2}\mathrm{d}\varepsilon_3 \tag{4-45}$$

将式（4-45）与式（4-39）对照，则有：

$$\frac{\mathrm{d}\sigma_1}{\mathrm{d}\varepsilon_1}=\frac{V_2(H_1+H_2F_{11})}{V_2U_1-V_1U_2} \tag{4-46}$$

结合几何条件（Ⅱ），则在峰值点有：

$$H_1+H_2F_{11}=0 \tag{4-47}$$

式中：$H_1=E\exp\left[-\left(\dfrac{F}{a}\right)^m\right]$，$H_2=-E\varepsilon_1\exp\left[-\left(\dfrac{F}{a}\right)^m\right]\left(\dfrac{F}{a}\right)^m\dfrac{m}{F}$，$F_{11}=\dfrac{\partial F}{\partial \varepsilon_1}$

解式（4-47）并化简可得到：

$$a=F_c(m)^{\frac{1}{m}} \tag{4-48}$$

联立式（4-38）、式（4-48）可得到参数 m 的表达式：

$$m=1/\ln\frac{E\varepsilon_f}{\sigma_f-2\mu\sigma_3} \tag{4-49}$$

4.5.4　模型验证

在上述的模型参数确定之后，根据式（4-32）即可得到不同条件下试样损伤变量的变化情况，如图 4-25 所示。由图 4-25 可以看出，损伤变量随应变发展的趋势与应力随应变的发展趋势相同，即在低应变时，损伤变量发展较快，随着应变的发展，损伤变量的发展速度减缓，表明试样在加载的初期损伤快速发展，随着荷载的增加，损伤演化速率降低，损伤趋于稳定，此时试样产生破坏。图 4-25（a）、（b）分别描述的是围压为 100kPa 时损伤变量 D 随纤维含量及纤维长度的变化曲线。由图 4-25 可知，损伤变量随着纤维含量及纤维长度的增加先增大后减小，纤维含量为 0.6％ 以及纤维长度为 12mm 时损伤变量最大，这与不同纤维条件下加筋土的最大偏应力相关，即最大偏应力越大，损伤变量越大。图 4-25（c）为素黄土在不同围压下损伤变量的演化曲线。由图可知，随着围压的增加损伤变量逐渐增加，围压为 200kPa 时损伤变量最大，这是因为围压越大，素黄土的破坏偏应力越大，因此损伤变量也越大。

损伤变量 D 确定之后，根据式（4-36）可以计算得到不同围压下的应力值，根据上述的试验研究结果进行统计损伤本构模型的验证，验证的结果如图 4-26～图 4-28 所示。由图可以看出，由模型计算得出的理论结果与试验结果吻合较好。因此，该模型可以较好地

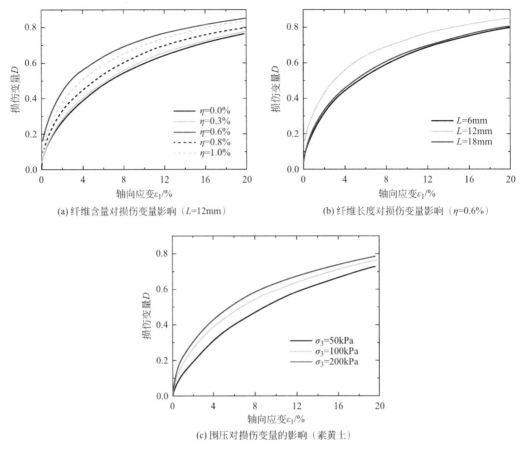

(a) 纤维含量对损伤变量影响（$L=12$mm）　　　(b) 纤维长度对损伤变量影响（$\eta=0.6\%$）

(c) 围压对损伤变量的影响（素黄土）

图 4-25　不同试验条件下损伤变量 D 的变化

反映出特定围压下纤维加筋黄土应力-应变曲线的变化过程。同时该模型参数少，便于工程应用。

图 4-29 所示为轴向应变为 15% 时，由统计损伤本构模型计算的剪切强度与三轴试验获得的剪切强度的比较结果，由图可知计算得到的剪切强度与实测的试验结果较为吻合，大致分布于 45° 标识线的两侧。为了定量地描述模型的精确性，根据模型计算的结果与实测的试验结果进行误差性分析。误差性分析的数据组共计 39 组，包括不同围压下的 3 个素黄土试样，以及不同围压下 4 个纤维含量（0.3%、0.6%、0.8%、1.0%）、3 个纤维长度（6mm、12mm、18mm）的 36 个试样。下面根据式（4-50）和式（4-51）计算 39 组数据的均方根误差（RMSE）以及标准均方根误差（NRMSE），计算的结果见表 4-4。

$$\text{RMSE} = \sqrt{\dfrac{\sum\limits_{i=1}^{n}\left(p_{\text{f. test}_i} - p_{\text{f. model}_i}\right)^2}{n}} \tag{4-50}$$

$$\text{NRMSE} = \dfrac{\text{RMSE}}{\text{Max}(p_{\text{f. test}}) - \text{Min}(p_{\text{f. test}})} \tag{4-51}$$

式中：n 表示数据组数；$p_{\text{f. test}}$ 和 $p_{\text{f. model}}$ 分别表示轴向应变为 15% 时试验实测与计算得到的破坏偏应力值。

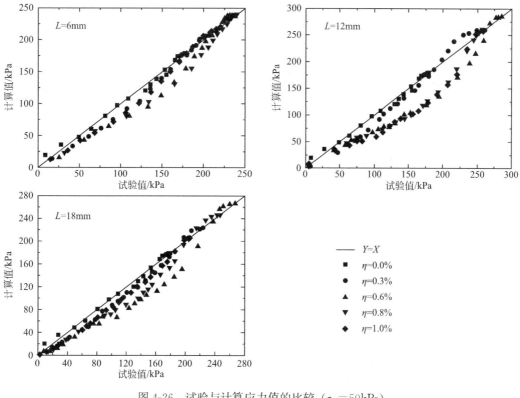

图 4-26　试验与计算应力值的比较（$\sigma_3=50\text{kPa}$）

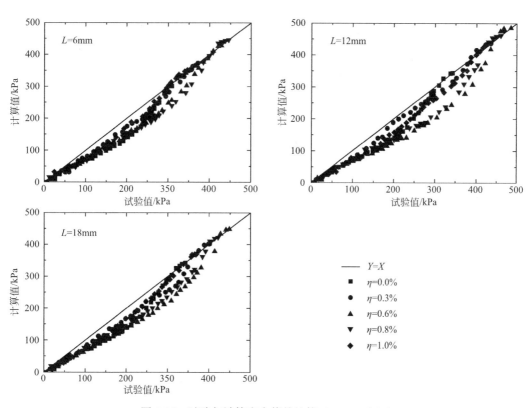

图 4-27　试验与计算应力值的比较（$\sigma_3=100\text{kPa}$）

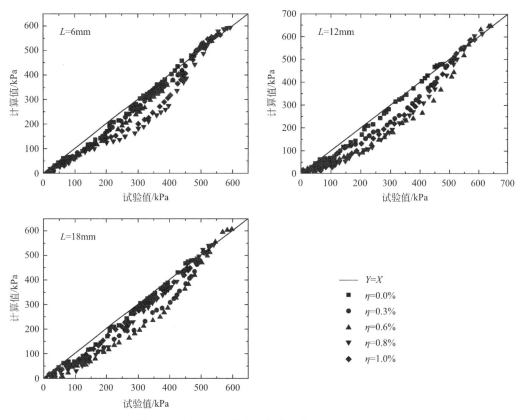

图 4-28　试验与计算应力值的比较（$\sigma_3 = 200\text{kPa}$）

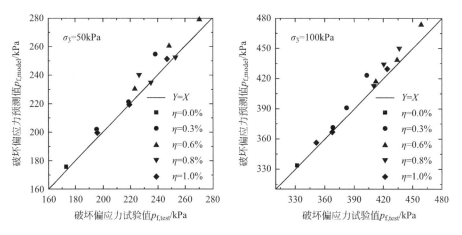

图 4-29　试验实测与模型计算破坏偏应力的比较（一）

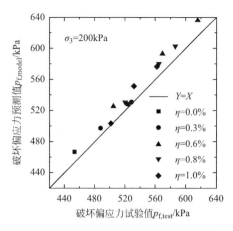

图 4-29 试验实测与模型计算破坏偏应力的比较（二）

试验实测与模型计算的破坏偏应力的定量比较   表 4-4

围压 σ_3/kPa	纤维含量 η/%	6mm		12mm		18mm	
		实测	模型	实测	模型	实测	模型
50	0	173.13	169.91				
	0.3	195.58	196.10	238.36	249.03	218.76	215.51
	0.6	223.24	224.95	270.42	273.33	248.51	254.85
	0.8	234.86	228.71	253.21	252.58	226.43	234.23
	1.0	219.32	213.43	246.81	245.46	195.58	193.84
100	0	331.75	322.34				
	0.3	368.31	359.27	402.56	411.97	382.18	382.56
	0.6	412.24	405.39	453.68	462.13	434.37	426.72
	0.8	420.29	424.10	436.23	438.15	410.29	403.66
	1.0	351.28	344.17	424.29	417.68	367.58	354.94
200	0	453.49	444.18				
	0.3	487.94	474.74	533.62	511.95	523.91	504.71
	0.6	505.10	501.78	616.09	612.42	569.53	569.91
	0.8	565.20	559.24	585.90	579.10	519.43	507.16
	1.0	531.56	527.79	561.81	552.58	501.62	480.08
数据组数							39
$\text{Max}(p_{f,\text{test}})$							616.09
$\text{Min}(p_{f,\text{test}})$							173.13
RMSE(kPa)							8.77
NRMSE(%)							2.0%

　　根据图 4-29 的比较结果并考虑表 4-4 中计算得到的 RMSE 和 NRMSE 的值，可以发现统计损伤本构模型计算的剪切强度与三轴试验获得的剪切强度相关性较好，表明该模型

可以很好地反映出纤维加筋黄土的剪切破坏强度。此外根据统计损伤本构模型计算的剪应力与试验实测值的相关性分析结果可以得到，统计损伤本构模型的计算值与试验实测值之间的 R^2 为 0.999，显著性概率小于 0.01，表明两者之间显著相关。

4.6 本章小结

本章以西安黄土为试验对象，主要通过室内三轴剪切试验、数字图像相关试验和扫描电镜试验三方面对玄武岩纤维加筋黄土开展了研究工作，主要得到了以下结论：

（1）纤维加筋黄土与素黄土的应力-应变曲线均为硬化型曲线。纤维加筋土的剪切强度随着纤维含量及纤维长度的增加先增大后减小，纤维含量为 0.6%、纤维长度为 12mm 时，玄武岩纤维加筋黄土的剪切强度最高。

（2）素黄土为典型的脆性破坏形式，素黄土和低纤维含量加筋土（低于 0.3%）大多沿着剪切破坏带发生剪切破坏。而加筋土的破坏模式为塑性破坏，试样变形和应变发展均比较均匀协调，破坏形式为整体鼓胀破坏。随着纤维含量和纤维长度的增加土样破坏形式逐渐由剪切带破坏向鼓胀破坏形式转变。

（3）纤维的添加可以提高土体的粘聚力和内摩擦角。试样的粘聚力随着纤维长度和纤维含量的增加先增大后减小，纤维长度为 12mm 含量为 0.6% 时试样的粘聚力最大。内摩擦角受纤维添加的影响较小。

（4）加筋系数随着纤维含量及纤维长度的增加呈先增加后减小的趋势。通过对比剪切强度和加筋系数，可以发现虽然加筋土的强度随着围压的增大而增加，但加筋系数随着围压增加呈逐渐降低的趋势，且 50kPa 到 100kPa 降低最明显。

（5）随着纤维含量及纤维长度的增加，加筋土试样轴向应变为 20% 时的体应变逐渐减小，试样由剪缩向剪胀发生转变。加筋土的破坏模式由素黄土的脆性剪切带破坏转变为塑性鼓胀破坏。

（6）SEM 扫描试验结果表明纤维含量较低时纤维在土中分布均匀，而纤维含量较高时纤维的有序分布明显增加，土颗粒间的相互胶结作用降低；随着纤维长度增加，纤维容易出现弯曲以及纠缠打结的现象，纤维的抗拉强度不能有效发挥。

（7）双曲线型模型更适合纤维加筋土复杂应力状态下破坏强度判断。以素黄土指标为基础，根据纤维加筋黄土指标拟合得到的双曲线联合强度理论模型可以很好地反映纤维加筋土的复杂应力状态。

（8）基于 Weibull 概率密度函数以及 Lemaitre 提出的应变等效假设，采用 Drucker-Prager 强度准则反映荷载所致的土体结构损伤，建立了纤维加筋黄土的统计损伤本构模型。误差分析结果表明该模型可以很好地反映纤维加筋黄土应力-应变曲线的变化过程。

第5章 干湿循环作用下玄武岩纤维加筋黄土三轴剪切力学行为研究

黄土是第四纪以来形成的一种多孔隙弱胶结的特殊沉积物，具有强烈的水敏感性，遇水后湿陷和软化，水环境的变化极易诱发黄土灾害。黄土的水敏感性是由于水的渗透浸润引起的，土体中含水量的增加会降低土体抗剪强度。此外，由于黄土地区特殊的地质环境与自然条件，中国黄土高原地区具有典型的大陆季风性气候特征，年平均气温3.6～14.3℃，7月日平均温度为20～25℃，最高气温可达45℃，且黄土高原雨量少、雨季短、干季长，干湿季节明显，年平均降水量在150～750mm之间，主要发生在夏秋季7～9月。因此，在黄土高原地区采用纤维加筋改良黄土时，由于夏秋季节高温和集中降雨的影响，纤维加筋黄土会受到显著的干湿循环作用，在经历干湿循环之后可能会出现强度降低、变形增大等问题，这对建筑物地基、道路边坡和路堤工程的长期稳定性有重要影响。因此，开展干湿循环条件下纤维加筋黄土的三轴剪切试验、强度理论及本构模型等方面的研究具有重要意义。

5.1 试验材料与试样制备

本章试验黄土、玄武岩纤维与前述第2～4章一致，试样制备方法与前述第2～4章一致，在此不再赘述。

5.2 试验方案

5.2.1 干湿循环试验

本章采用的干湿循环试验方案与前述第2～3章干湿循环试验方案一致，在此不再赘述。

5.2.2 数字图像三轴剪切试验

本章采用的数字图像三轴剪切试验设备、围压、剪切速率、剪切试验模式与第4章一致，试验方案中纤维含量选取与前述第2章和第3章干湿循环作用下的单轴压缩和单轴拉伸试验方案一致，纤维长度根据第4章的研究成果选取最佳纤维长度12mm来开展研究，在此不再赘述。

5.2.3 表观裂隙采集和量化试验

为了更直观地描述干湿循环作用对纤维加筋黄土表观裂隙演化的影响，采用孔隙（颗粒）与裂隙图像识别与分析系统（PCAS），对干湿损伤后试样的表观裂隙进行识别，从而定量地分析纤维添加抵御黄土干湿循环劣化的效果。PCAS系统可以很好地定量识别试样干湿过程的裂隙发育特征，并对其进行二值化，去除杂点，骨架化等操作，最终得到试样裂隙率、裂隙分形维数等参数。

（1）裂隙率 λ_c

裂隙率 λ_c 为统计区域内裂隙面积与总面积的比值，其计算公式如下：

$$\lambda_c = A_c / A \tag{5-1}$$

式中：A_c 为统计区域内裂隙所占面积；A 为统计区域总面积。

（2）裂隙分形维数 D_f

裂隙分形维数 D_f 用于反映土体裂隙的空间结构复杂程度。一般情况下，分形维数越大表明土体裂隙结构越复杂。

如果土体裂隙具有分形特征，则裂隙面积 S、周长 C 和分形维数 D_f 之间具有如下关系：

$$\log(C) = (D_f/2) \cdot \log(S) + C_1 \tag{5-2}$$

式中：C 为裂隙的周长；S 为裂隙的面积；C_1 为常数。

图5-1为利用PCAS软件处理土样裂隙的过程图。图5-1（a）为干湿循环后纤维加筋黄土试样的表面开裂情况；图5-1（b）为对试样裂隙图像进行二值化处理后的去杂点图像，其中黑色线条表示裂隙，灰色区域表示土体；图5-1（c）为对裂隙进行骨架化处理后的图像；图5-1（d）为裂隙网络识别后图像。表观试验所用的试样为标准环刀试样，环刀直径为79.8mm，高度为20mm，纤维含量及干湿循环试验方案与三轴剪切试验一致。

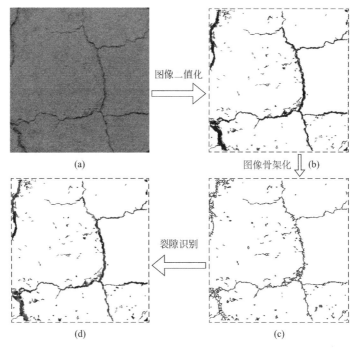

图5-1　纤维加筋黄土裂隙网络识别过程

5.2.4　CT 扫描试验

CT 扫描试验采用 YXLON Y. CT Modula 高分辨率显微工业 CT 系统（图 5-2），该系统具体参数为：最大测量截面尺寸（直径）为 100mm，最大测量高度为 200mm；最大放大倍数为 200，空间分辨率为 10μm；最大扫描电压 225kV，最大功率 320W。高分辨率显微工业技术具有较高的分辨率及较大的扫描面积，可一次性扫描多个断面，得到相应数据及扫描图像，可对试样进行无损伤的内部结构扫描，并可通过扫描图像颜色深度的不同，清晰地探究材料内部结构密度分布情况及密度变化规律。CT 图像对材料内部形态的反馈是通过不同灰度来实现的，对低密度区即 X 射线低吸收区用黑色区域表示，对高密度区即 X 射线高吸收区用白色区域表示。

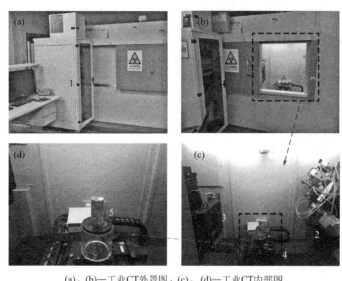

(a)、(b)—工业CT外景图；(c)、(d)—工业CT内部图
1—高性能图像重建计算机系统；2—射线源
3—面阵探测器；4—旋转载物台；5—试验土样
图 5-2　Micro-CT 试验机组成及测试流程

CT 扫描试验试样的纤维含量和试样尺寸与三轴剪切试验一致，纤维含量分别为 0.0%、0.3%、0.6%、0.8%、1.0%，试样尺寸为标准的三轴圆柱体试样，直径为 39.1mm、高度为 80mm。CT 试验中纤维加筋土的干湿循环方法亦与三轴剪切试验保持一致，纤维加筋黄土试样的 CT 扫描过程分别在干湿循环的第 0、1、2、5、10 次后进行，从 x 轴、y 轴、z 轴三个方向对试样进行全身段旋转扫描。平板探测器接收包含试样内部结构信息的 X 射线，通过高速网络将数据传输到数据采集主机中并由图像重构机群将数据可视化为 x 轴、y 轴、z 轴三个方向的 CT 扫描二维图像（试验土样横断面、纵断面等三个断面的像素图），扫描所得图像的软件界面如图 5-3 所示。

为定量化分析干湿循环作用对纤维加筋黄土内部结构的损伤，选取试样扫描后所得的二维横断面 CT 图像，利用软件处理后获得 CT 数 ME 值及 SD 值。CT 数均值 ME 反映试样二维扫描断面内材料的平均密度；CT 数方差 SD 反映试样二维扫描断面内所有物质点的离散程度。因而，ME 及 SD 数值的变化可以很好地揭示试样内部的损伤扩展演化规律。

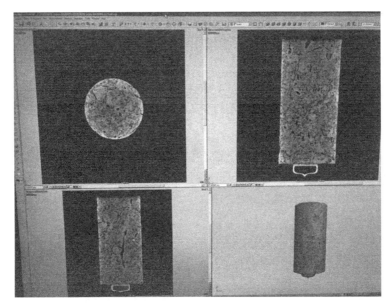

图 5-3　CT 扫描输出图像界面

5.2.5　扫描电镜试验（SEM）

本章采用的扫描电镜试验设备、试验步骤、试样尺寸与第 4 章一致，在此不再赘述。

5.3　试验结果与分析

5.3.1　三轴剪切试验结果分析

1. 应力-应变曲线

为了研究干湿循环作用下围压对加筋黄土三轴剪切特性的影响，控制干湿循环次数和纤维含量等条件相同，分析不同围压对加筋土试样应力-应变曲线形态和变化规律的影响。

图 5-4 为无干湿循环时围压对不同纤维含量加筋黄土应力-应变的影响曲线。由图 5-4 可知，围压对加筋土应力-应变曲线形态无明显影响，不同纤维掺量纤维加筋黄土试样的应力-应变曲线均为应变硬化型。应力-应变曲线大致可以划分为两个阶段：第一阶段偏应力随应变增加快速直线上升，反映出试样被快速压密并进入弹性变形的过程，因此其应力-应变曲线呈现近似线性增加；第二阶段偏应力随应变增加缓慢上升，最后趋于平缓，反映出试样逐渐破坏的过程。此外，受围压作用影响，所有试样的应力-应变曲线均随着围压增加逐渐变得陡峭，硬化趋势逐渐增强，偏应力随围压的增加而增大，即围压可以增大纤维加筋土的强度，提高试样的初始模量。其他干湿循环次数下加筋土的应力-应变曲线也均表现出相似的变化规律，这里不再赘述。

为了研究干湿循环次数对加筋黄土三轴剪切特性的影响，控制纤维含量和围压相同，分析不同干湿循环次数对加筋黄土应力-应变曲线形态和变化规律的影响。

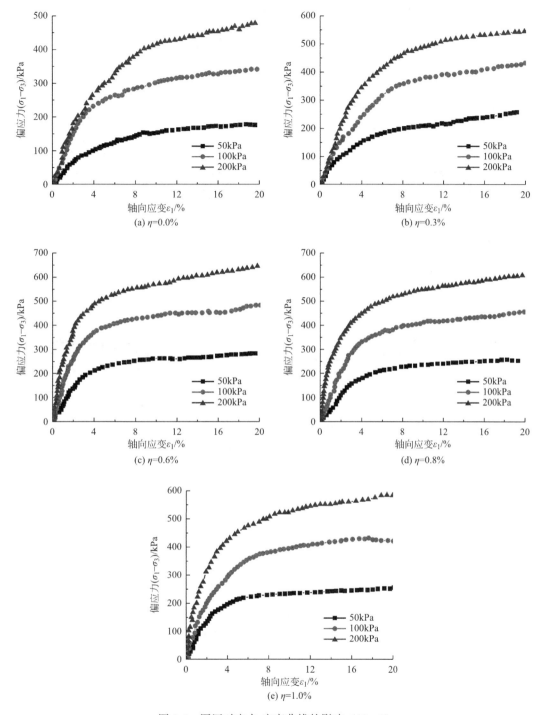

图 5-4　围压对应力-应变曲线的影响（$N=0$）

图 5-5 为围压 50kPa 时干湿循环次数对不同纤维含量加筋黄土应力-应变的影响曲线。由图 5-5 可以发现，干湿循环次数对加筋黄土应力-应变曲线的形态无明显影响，均为应变硬化型曲线。随着干湿循环次数的增加，试样的应力-应变曲线由陡峭逐渐变得平缓，相

同轴向应变所对应的偏应力也随之降低，即随着干湿循环次数的增加，加筋黄土的强度逐渐降低，这体现了干湿循环作用对加筋黄土显著的劣化作用。其他围压下加筋土的应力-应变曲线也均表现出相似的变化规律，这里不再赘述。

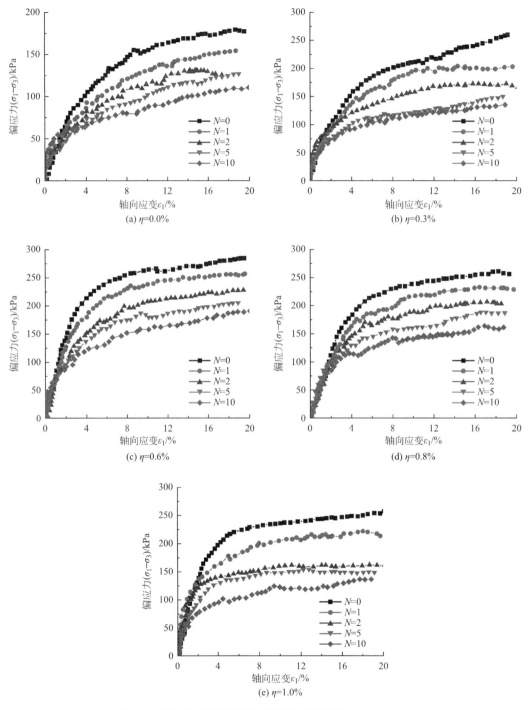

图 5-5　干湿循环次数对应力-应变曲线的影响（$\sigma_3 = 50\text{kPa}$）

为了研究干湿循环作用下纤维含量对纤维加筋黄土三轴剪切特性的影响，控制试验条件为相同围压和干湿循环次数，对比分析不同纤维掺量下纤维加筋黄土的应力-应变曲线，以此来确定玄武岩纤维掺量对干湿循环劣化效应的影响规律。

图 5-6 为围压 100kPa 时干湿循环作用下纤维含量对加筋黄土应力-应变的影响曲线。

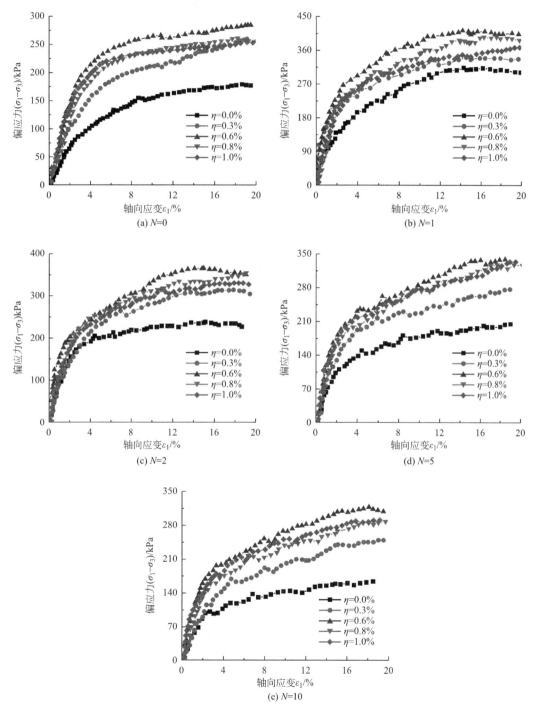

图 5-6　干湿循环作用下纤维含量对应力-应变曲线的影响（$\sigma_3 = 100$kPa）

由图 5-6 可以发现，不同干湿循环次数条件下，素黄土和玄武岩纤维加筋黄土的应力-应变曲线均为应变硬化型，纤维加筋后黄土的硬化趋势增强。在轴向应变小于 1% 时，不同纤维含量的应力-应变曲线几乎重合，随着应变进一步发展，应力-应变曲线逐渐分化，纤维加筋的作用逐渐显现。比较素黄土和加筋黄土的曲线可知，加筋黄土的应力-应变曲线均在素黄土应力-应变曲线之上，即纤维加筋后显著提高了黄土的强度。然而，需要注意的是，在不同干湿循环次数下，随着玄武岩纤维掺量的增加，黄土的应力-应变曲线并没有出现单调增加的趋势，在 0.6% 掺量条件下应力-应变曲线位置最高，对应的抗剪强度也最高。可以认为，0.6% 玄武岩纤维掺量是所考虑纤维加筋处理中最优的一种选择，也说明在该含量下纤维加筋黄土抵抗干湿作用效果最优。

由以上分析可发现，添加玄武岩纤维可以影响黄土的三轴剪切特性，使试样应力-应变曲线硬化趋势增强，且在相同干湿循环次数下，纤维加筋黄土的应力-应变曲线均在素黄土上方，表明加筋后黄土受干湿循环的影响减小。这是因为试样在干湿循环后土颗粒的空间结构发生重新排布，导致土体内部微裂隙的产生，这些微裂隙随干湿循环次数增加不断扩展，并直接导致黄土强度的降低。然而，干湿循环作用下纤维加筋黄土内部均匀分布的网状纤维可以消耗部分拉应力，协调试样的剪切变形，抑制裂隙的进一步发展，从而提升试样的整体性，进而提高土体的稳定性和强度。

纤维加筋黄土应力-应变曲线的硬化趋势并不是随着纤维掺量一直增加，不同围压和干湿循环次数下纤维掺量为 0.6% 时提升效果最佳。这是因为纤维掺量影响了纤维在土体内部分布的均匀程度，而纤维均匀程度也影响着改良效果。当纤维含量较低时，纤维可以均匀的分散在土体中，在土体中构建三维空间网状结构，约束土体的变形发展，并为土体提高额外的黏结力。但当纤维含量较高时，纤维在土体内无法均匀分散开来，在土体中团聚或者纠缠形成纤维团，这些纤维团会降低土体局部的有效黏结，造成局部软弱面的产生，最终导致加筋土的强度改良效果降低。

综上所述，玄武岩纤维对干湿循环劣化效应具有抵御效果，且在纤维可均匀分散开的掺量范围内，抵御效果随着纤维掺量的增加而提升，但当纤维含量过高时，纤维的提升效果会降低。本试验数据显示抵御干湿循环劣化效应最佳的纤维掺量为 0.6%。

2. 破坏偏应力

由于本试验研究中素黄土和纤维加筋黄土的应力-应变曲线均为应变硬化型，为了进一步探究干湿循环次数和纤维含量对加筋黄土剪切强度的影响，同第 4 章一致，取应力-应变曲线 15% 轴向应变相应的偏应力作为破坏偏应力进行分析。本节选取围压 50kPa、200kPa 的试验结果作图进行讨论，如图 5-7 所示，（a）、（b）分别表示破坏偏应力随干湿循环次数和纤维含量的关系曲线。

由图 5-7（a）可见，随着干湿循环次数增大，试样的破坏偏应力逐渐降低，尤其是在干湿循环初始阶段（亦即前 2 次干湿循环），其劣化幅值和速率较大。随着干湿循环次数持续增大，试样的破坏偏应力的劣化速率逐渐减小且趋于稳定。这主要是由于干湿循环效应下试样受蒸发和湿化作用的影响发生干缩湿胀，试样内部微裂隙不断扩展和演化，从而导致试样剪切强度逐渐降低。经受反复干湿循环作用后，加筋土试样的结构强度不断劣化且最终趋于稳定的残余强度，即多次干湿循环作用后，试样破坏偏应力趋于稳定。

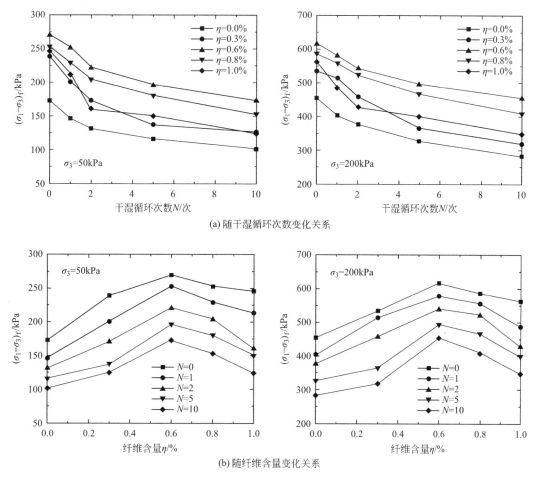

(a) 随干湿循环次数变化关系

(b) 随纤维含量变化关系

图 5-7　干湿循环作用对加筋黄土破坏偏应力的影响

由图 5-7（b）可见，干湿循环次数一定时，破坏偏应力随纤维含量的增大先增大后减小，存在一个最佳的纤维含量 0.6%，即纤维含量 0.6% 时玄武岩纤维加筋黄土试样干湿过程的耐久性能最优，这也与应力-应变曲线所反映的趋势是一致的。分析其原因，纤维掺量可以显著影响纤维在试样内部分散的均匀程度，当纤维含量较低时，纤维可以均匀分散在试样中，构成三维空间网状结构，从而有效地协调试样的变形并提高其剪切强度；当纤维含量较高时，纤维在试样内部分散的均匀程度明显下降，纤维的有序性分布相应增加，纤维的有序分布会降低试样局部的有效黏结，从而导致试样局部产生软弱面，剪切强度相应降低。

此外，仔细分析试验数据后发现，围压对加筋土破坏偏应力的劣化也有一定的影响。低围压时，干湿循环对加筋黄土的劣化更加明显，随围压增加劣化效应降低。例如，围压为 50kPa 和 200kPa 时，纤维含量为 0.3% 的加筋土在第一次干湿循环之后和未干湿循环试样相比，破坏偏应力分别下降 15% 和 4%。这是因为在高围压下试样受到挤压，试样内部由于干湿循环作用产生的微裂隙会发生一定程度的愈合，因此其破坏偏应力下降的幅度比低围压的要小。

综上所述，随着干湿循环作用的进行，素黄土和纤维加筋黄土的强度都会随之降低，且前期的干湿循环劣化效应比较显著，土样强度降低明显，而提高围压和适当的掺入纤维均可以抵御干湿循环的劣化效应。

3. 强度指标

图 5-8 为干湿循环作用下纤维加筋黄土粘聚力的变化曲线。由图可以看出，随着干湿循环次数的增加纤维土的粘聚力逐渐减小，并最终趋于稳定。前 2 次干湿循环后纤维土的粘聚力下降速率较快，之后粘聚力随着干湿循环次数的增加曲线逐渐趋于平缓。这是因为粘聚力是由土壤颗粒之间的胶结作用以及水分子的水膜和重力效应的结合产生的，而干湿循环过程是一个水分物理风化和化学侵蚀的过程，因此在干湿循环过程中水分的变化导致土颗粒之间的胶结作用减弱，土颗粒及其团聚体的破碎度增加，孔隙度增加，土体的粘聚力逐渐降低，但在干湿循环到一定次数时土颗粒间的胶结作用以及土颗粒与孔隙结构基本达到稳定状态，粘聚力变化不再明显。随着纤维掺量的增加，纤维加筋土的粘聚力先增大后减小。当纤维掺量小于最佳纤维含量时（$\eta = 0.6\%$），加筋土的粘聚力随着纤维掺量的增加而增大，纤维抵御干湿循环劣化效应的效果提升。这是由于纤维与土颗粒的交织作用，使得土颗粒和纤维间的接触面积增加，联结程度提高，且纤维加筋提高了土颗粒结构的整体性，有效限制了土颗粒的变形及位移，从而增加了粘聚力。然而当纤维掺量超过最佳纤维含量时，用于团聚纤维的土颗粒明显不足，土颗粒的联结作用减弱，从而导致加筋土的粘聚力下降。

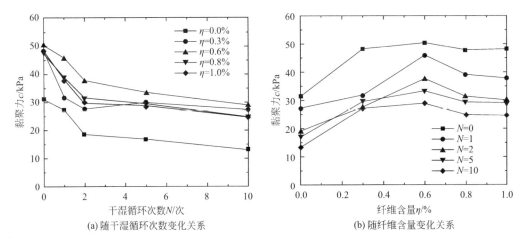

(a) 随干湿循环次数变化关系   (b) 随纤维含量变化关系

图 5-8　干湿循环作用下加筋黄土粘聚力变化规律曲线

图 5-9 为干湿循环作用下纤维加筋黄土内摩擦角的变化曲线。由图 5-9 可以看出，纤维加筋土的内摩擦角随着干湿循环次数的增加整体呈现出减小的趋势，随着纤维掺量的增加先增大后减小，但整体的变化范围较小。这是因为土体的内摩擦角主要取决于土颗粒的粗糙程度和交错排列方式，随着干湿循环作用的发生土颗粒出现了一定程度的磨损及破碎，同时纤维含量在较高时影响了土颗粒剪切过程的滑移摩擦效应，导致内摩擦角减小，但干湿循环对颗粒的磨损程度以及超越最佳纤维含量的比率较小，因此内摩擦角的变化整体较小。

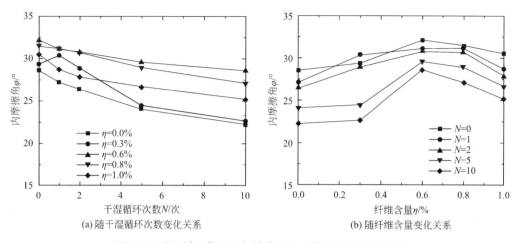

(a) 随干湿循环次数变化关系　　　　　(b) 随纤维含量变化关系

图 5-9　干湿循环作用下加筋黄土内摩擦角变化规律曲线

5.3.2　干湿循环损伤效应分析

由剪切试验结果可知，加筋土的破坏偏应力随着干湿循环次数呈现出一定的规律，为了进一步分析干湿循环作用对纤维加筋黄土的三轴剪切强度的影响，同 2.4.4 和 3.3.4 节一致，定义干湿损伤度 D_N，公式如（5-3）所示：

$$D_N = \left(1 - \frac{\sigma_N}{\sigma_0}\right) \times 100\%$$
(5-3)

式中：D_N 为干湿损伤度；σ_N 为在干湿循环 N 次后的破坏偏应力值；σ_0 为未经干湿循环的破坏偏应力值。

为直观分析干湿循环次数、纤维含量以及围压对加筋黄土破坏偏应力的影响，在此选取具有代表性的工况作图进行阐述分析，结果如图 5-10 所示。

图 5-10（a）、（b）分别为围压 50kPa 和 200kPa 时干湿循环次数对加筋土干湿损伤度的影响曲线。由图 5-10 可知，随着干湿循环次数增加纤维加筋黄土的干湿损伤度呈逐渐增加的趋势，且在前 2 次干湿循环后损伤度增加较快，在干湿循环 2 次之后损伤度增加的趋势减缓，即前期干湿循环效应对土体的劣化效应大。这是因为前期干湿循环过程中土体结构较致密，干湿循环过程中土体中的裂隙发展快，强度降低明显，干湿循环后期土体中的裂隙已经基本稳定，随着干湿循环次数的增加裂隙扩张速度放缓，所以损伤度增速减小。

图 5-10（c）、（d）分别为围压 50kPa 和 200kPa 时纤维含量对加筋土干湿损伤度的影响曲线。由图 5-10 可发现干湿损伤度随着纤维掺量的增加大体呈现出先减小后增大的趋势。这是因为随着纤维掺量的增加，纤维在土体中构成的空间网状结构越来越完整，与土颗粒的接触越来越充分，故在一定范围内纤维抑制干湿劣化作用的效应提升，干湿损伤度减小。然而，当纤维掺量过高时，纤维会在局部位置富集产生纤维团，造成土颗粒之间的空间距离增大，在土体中产生局部软弱面，导致土体强度的降低，干湿损伤度变大。

图 5-10（e）为纤维含量为 0.3% 时围压对加筋土干湿损伤度的影响曲线。由图 5-10可知，随着围压的增大，干湿损伤度整体呈现出逐步减小的趋势。土体在经历干湿循环效

应之后，土体内部产生裂隙，导致土体强度降低，但围压可以使裂隙闭合，增强土体的整体性，故围压增加时干湿损伤度逐渐减小。

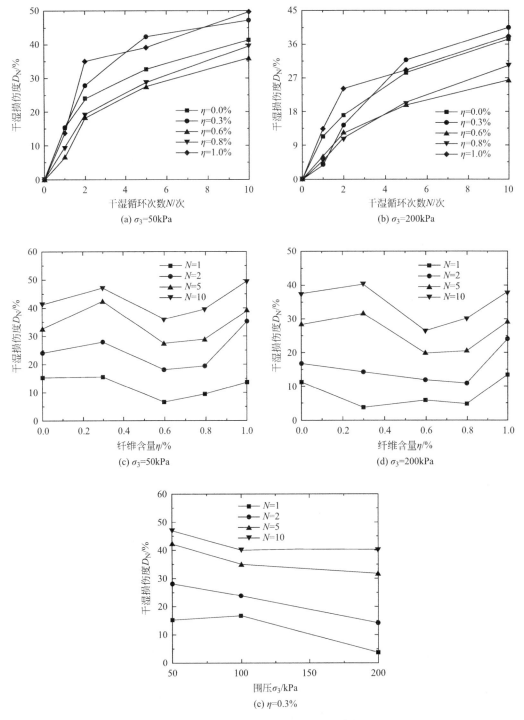

图 5-10　干湿循环作用对三轴剪切强度损伤度的影响

5.3.3　试样破坏形态及表面应变场分析

1. 干湿循环次数对破坏形态及表面应变场影响

为了研究干湿循环次数与试样变形的关系，控制纤维掺量和围压相同，分析表面轴向应变场和试样破坏照片随干湿循环次数的变化规律。

图 5-11 为围压 50kPa，纤维含量 0.6%时加筋黄土试样破坏照片及表面轴向应变场随干湿循环次数的变化结果。由图 5-11 可以看出，干湿循环 0 次和 2 次时试样变形照片无明显的不均匀变形，整体破坏变形较均匀，为鼓胀型破坏形式。干湿循环 1 次试样整体亦为鼓胀型破坏形式，但在试样中部有未贯穿的褶皱带，在褶皱带的上下方试样发生扭曲，整体呈现出鼓胀变形和剪切带变形的过渡形式。相应地，从轴向应变场图来看，干湿循环 0 次、1 次和 2 次试样的大应变区主要呈现横向分布的形式，个别部位呈现局部带状形式，但未构成贯穿的剪切破坏带，应变场图反映的破坏形式与破坏照片相对应。随着干湿循环次数增加，由干湿循环 5 次和 10 次试样的变形照片可以看到，试样整体出现扭曲变形，局部大应变区贯通，试样中部产生了斜贯穿的剪切区域，试样分成了上下两部分并产生错动。对比轴向应变场图可知，干湿循环 5 次和 10 次试样的大应变区为带状分布，将轴向应变场图归一化处理并拼接成闭合曲面后可以看到试样中部斜向的剪切破坏带，这与试样

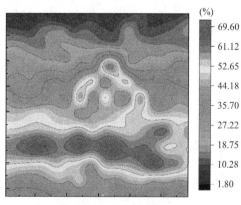

(a) 干湿循环次数N=0破坏形态及表面应变场

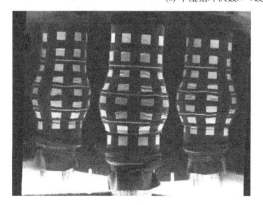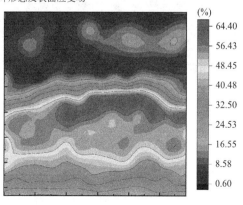

(b) 干湿循环次数N=1破坏形态及表面应变场

图 5-11　干湿循环次数对破坏形态及轴向应变场的影响（$\sigma_3 = 50\text{kPa}$，$\eta = 0.6\%$）（一）

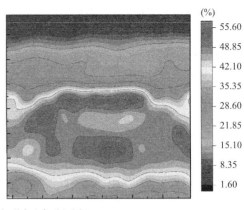

(c) 干湿循环次数N=2破坏形态及表面应变场

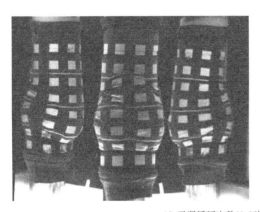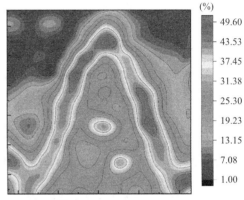

(d) 干湿循环次数N=5破坏形态及表面应变场

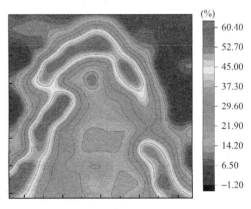

(e) 干湿循环次数N=10破坏形态及表面应变场

图 5-11　干湿循环次数对破坏形态及轴向应变场的影响（$\sigma_3 = 50\mathrm{kPa}$，$\eta = 0.6\%$）（二）

的剪切破坏照片完全对应。通过对比表面应变场的应变大小可知，剪切带上下变形比剪切带内小而且更加均匀，试样的变形主要集中在贯通的剪切区域内。

　　由此可发现，在相同纤维掺量和围压条件下，干湿循环次数较少时土体的破坏形式为鼓胀型。随着干湿循环的进行，在干湿循环次数达到 5 次以上时，试样的破坏形式逐渐转变为脆性破坏,存在显著的剪切破坏带。这是因为干湿循环次数较少或没有经历干湿循环时,加筋土试样内部的裂隙较少,且由于纤维构成的空间网状结构,可以协调土样的变形,增强土体的整体性,因此其变形发展比较均匀,为鼓胀型破坏形式。然而,随着干湿循环次数的增加,干湿劣化效应导致的裂隙进一步扩张并且逐渐贯通,在试样内部形成软弱面,在轴向荷载的作用下,试样沿着内部裂隙发生脆性破坏,产生剪切带。因此干湿循环效应会导致土体脆性增强,破坏形式由鼓胀破坏向剪切带破坏转化。

2. 纤维含量对破坏形态及表面应变场影响

为了研究干湿循环作用下试样变形与纤维掺量的关系,控制干湿循环次数和围压相同,分析表面轴向应变场和试样破坏照片随纤维掺量的变化规律。

图 5-12 为围压 50kPa,干湿循环 1 次时不同纤维掺量纤维加筋黄土试样的变形破坏照片和表面应变场图。由变形照片可以看出,纤维掺量 0.0% 和 0.3% 的试样出现了错综复杂的剪切带,试样沿着主剪切带上下两部分产生相对错动,试样的变形主要集中在剪切带及附近区域。纤维掺量 0.6%、0.8%、1.0% 试样的变形照片为典型的鼓胀破坏形式,在样品局部位置产生明显的鼓胀区,鼓胀区域出现的位置较随机,试样中部和上部均有发生。鼓胀区内部变形较协调,鼓胀区外部变形较小,整体破坏形式较均匀,无明显斜向分

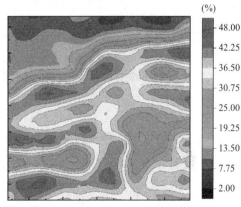

(a) 纤维含量 η=0.0% 破坏形态及表面应变场

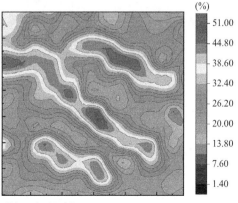

(b) 纤维含量 η=0.3% 破坏形态及表面应变场

图 5-12　干湿循环作用下纤维含量对破坏形态及轴向应变场的影响 (σ_3=50kPa, N=1)(一)

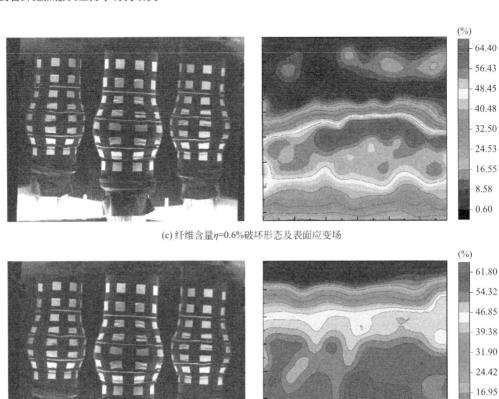

(c) 纤维含量η=0.6%破坏形态及表面应变场

(d) 纤维含量η=0.8%破坏形态及表面应变场

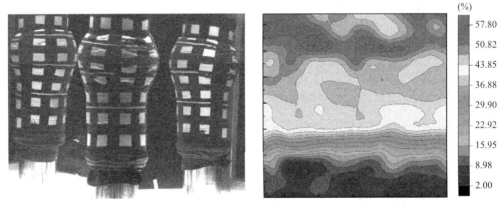

(e) 纤维含量η=1.0%破坏形态及表面应变场

图 5-12　干湿循环作用下纤维含量对破坏形态及轴向应变场的影响（$\sigma_3=50\text{kPa}$，$N=1$）（二）

布的褶皱带，仅在鼓胀区和小应变区交界处有局部的褶皱分布。对比观察轴向应变场图可以发现，纤维掺量 0.0％ 和 0.3％ 的试样大应变区也为交错的带状分布，但剪切带整体呈现统一走向，与试样剪切破坏形式一致。纤维掺量较高的试样应变场图内的大应变区域为横向带状分布，大应变区域分布较宽，没有出现很窄的连续带状分布特征，也与试样剪切破坏形式对应。

由此可发现，在相同干湿循环次数和围压条件下，低纤维掺量土体的破坏形式为剪切带破坏。随着纤维掺量的增加，试样的塑性特征增加明显，破坏形式逐渐转变为鼓胀破坏。这是因为纤维掺量较低时，纤维在土体内部搭建的空间网状结构不紧密，为土体提供的摩擦和锚固效应不显著。纤维网络不能有效抵御干湿循环效应，土体内部的裂隙发展明显，土体的结构性和整体性较弱，因此其变形破坏形式为偏脆性破坏，并伴有明显的剪切带产生。然而，对于纤维掺量较高的试样，纤维可以在土体内部搭建成紧密的网状结构，为土样提供有效的连接强度，抑制裂隙的发展和生长，增强土体的整体性和变形协调性，整体变形较均匀，因此其变形破坏形式为鼓胀型破坏。故添加纤维可以增加土体的塑性特征，提高土体变形的协调性，有效地抑制干湿循环劣化效应。

3. 加载时间对破坏形态及表面应变场影响

为了研究素黄土和纤维加筋黄土在剪切破坏过程中表面变形的发展规律，选取围压 $50\mathrm{kPa}$，1 次干湿循环作用后的素黄土和典型纤维加筋黄土（$\eta = 0.6\%$），研究剪切过程中不同加载时刻试样的变形破坏照片和表面轴向应变场演变规律，对比分析纤维添加前后土体变形破坏过程的发展规律。

图 5-13 为 $\sigma_3 = 50\mathrm{kPa}$，$N = 1$ 时不同加载时刻素黄土的变形破坏照片和表面轴向应变场。由图 5-13 可知，加载至 $5\mathrm{min}$ 时，试样表面变形整体均匀，仅在试样下部产生局部褶

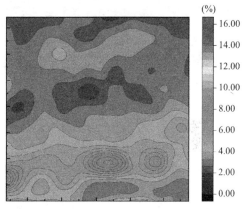

(a) 加载5min破坏照片及应变场图

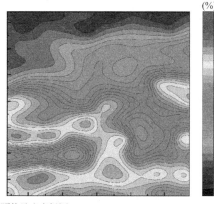

(b) 加载10min破坏照片及应变场图

图 5-13 素黄土不同加载时刻破坏形态及应变场图（$\sigma_3 = 50\mathrm{kPa}$、$N = 1$）（一）

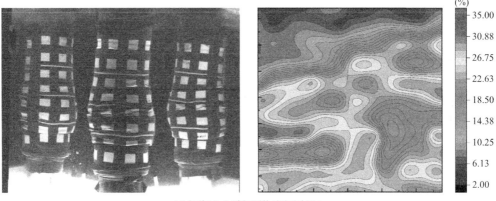

(c) 加载15min破坏照片及应变场图

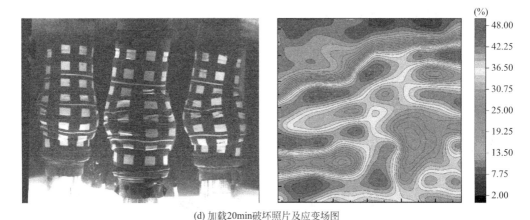

(d) 加载20min破坏照片及应变场图

图 5-13　素黄土不同加载时刻破坏形态及应变场图（$\sigma_3=50$kPa、$N=1$）（二）

皱；轴向应变场中上部应变场较均匀，下部产生横向分布的条带，带内应变比带外略大。当加载至 10min 时，由变形照片可知，试样整体变形情况较协调，试样下部褶皱区域进一步发展；轴向应变场下部大应变条带分化为两条，走向基本平行。当加载至 15min，可以发现试样下部褶皱区域进一步向上发展，扩展形成错综复杂的大应变集中区域，且褶皱的走向基本平行，此时轴向应变场中应变条带的应变值继续增大，表明试样将在此区域发生破坏。当加载至第 20min 时，试样中下部已经产生明显的剪切破坏带，试样沿着剪切带上下产生滑移；对比轴向应变场可发现原有的大应变条带进一步发展，在试样表面形成多条近似平行分布的条带状大应变区域。对比带内和带外数据，可以发现剪切后期带内应变发展速率要明显快于带外。

由此可见素黄土为典型的脆性破坏形式，在加载前期，试样变形均匀且增速较小。在加载中后期，试样内部产生软弱面，并沿着该软弱面产生剪切破坏带，之后带内剪切应变迅速增大，而带外应变增速放缓。试样沿着剪切破坏带产生滑移，在加载后期快速发生剪切破坏。

图 5-14 为 $\sigma_3=50$kPa，$N=1$ 时不同加载时刻纤维加筋黄土（$\eta=0.6\%$）的变形破坏照片和表面轴向应变场。由图 5-14 可知，当加载至第 5min 时，加筋土试样表面变形均匀，

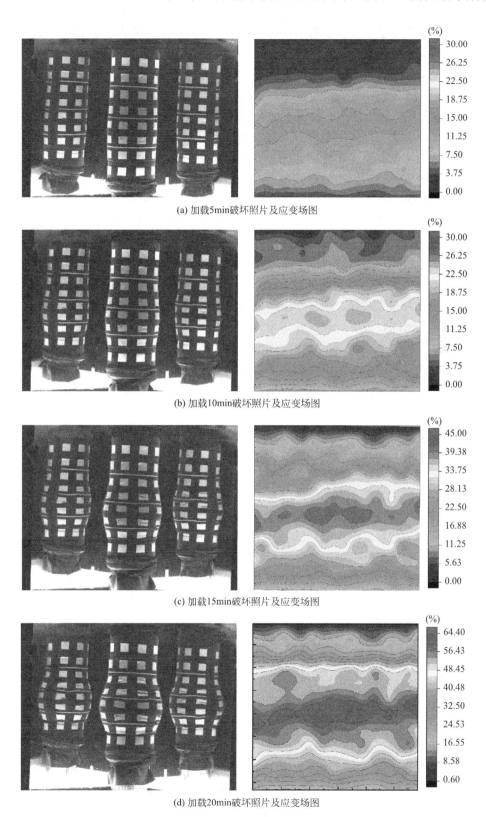

(a) 加载5min破坏照片及应变场图

(b) 加载10min破坏照片及应变场图

(c) 加载15min破坏照片及应变场图

(d) 加载20min破坏照片及应变场图

图 5-14　纤维加筋黄土不同加载时刻破坏形态及应变场图（$\sigma_3=50\text{kPa}$，$N=1$）

无明显凸起，轴向应变场应变也相对均匀，无大应变区域。当加载至第 10min 时，试样中下部产生了微弱的鼓状变形区域，相应的轴向应变场中也产生了横向的大应变条带。当加载至 15min 时，试样中部的鼓胀区域进一步发展，凸起更加的显著，但试样上部变形几乎无发展；此时应变场图中的大应变集中区域进一步加宽，应变值进一步增大。当加载至第 20min 时，试样鼓胀区域已经占据一半的轴向尺寸，表现出明显的鼓胀破坏特征。相应的轴向应变场中的大主应变区域集中横向分布在试样的中部，验证了试样的鼓胀破坏特征。

根据上述分析可以发现，纤维加筋土在剪切破坏过程中，不论是剪切前期还是后期，试样变形和应变发展均比较均匀和协调，破坏形式为整体鼓胀破坏，这反映出纤维添加对土体破坏特征的显著影响。分析原因可知，纤维的空间网状结构可以实现土样内部剪应力的均匀分布和有效传递，协调剪切过程中的应力及变形发展，避免土体中软弱面以及脆性破坏的发生，从而提高了土体的稳定性和强度。

由上述分析可知，结合试样变形破坏照片和表面应变场图可更直观、清晰地描述土样剪切破坏类别与各因素之间的关系。综合以上分析，可得出结论：干湿循环次数较小时，试样的破坏形式为鼓胀破坏，随着干湿循环次数的增加，试样的破坏形式有向剪切破坏转变的趋势。在低纤维掺量下，试样破坏为剪切带破坏，随着纤维掺量的增加，逐渐转变为鼓胀破坏形式。干湿循环效应会导致土体出现脆性破坏，而添加玄武岩纤维可以抑制这种劣化效应。相比素黄土，纤维添加提高了土体的塑性特征。

5.3.4 表观裂隙结构量化分析

图 5-15 为不同工况下纤维加筋黄土表观结构的变化结果。图 5-15（a）为素黄土试样随干湿循环作用的裂纹发育情况。由图 5-15（a）可知，试样在经历 1 次干湿循环后表面出现了大量的宏观裂纹，但裂纹宽度较小，呈不均匀分布状态；经 2 次干湿循环后，裂纹数量及长度扩展明显，在环刀内壁侧的周围形成了贯通的宽裂纹，这是由于试样脱湿收缩时环刀的刚度限制了接触界面的土颗粒收缩而引起的；试样经历 5 次干湿循环后，环刀内壁侧的贯通裂纹宽度和长度稍有增长，且土颗粒发生脱落，而试样的中心只留下一条宽裂纹，大量的细小裂纹消失不见，这是由于细小裂纹在增湿过程中恢复到了原始状态，而在脱湿过程中大裂纹的产生耗散了脱湿时产生的收缩力；在干湿循环 10 次后环刀内壁侧裂纹进一步扩展，试样中心的裂纹则向外扩展与环刀内壁侧裂纹贯通，试样表面土颗粒进一步脱落。

图 5-15（b）为纤维含量为 0.6% 的加筋土试样随干湿循环作用的裂纹发展情况。由图 5-15（b）可知，随着干湿循环次数的增加，纤维加筋黄土的裂纹逐渐增加，但变化并不明显，且主要为细小裂纹；通过与素黄土的对比可以发现，纤维加筋黄土的裂纹数量、裂纹长度显著减少，裂纹扩展的速度减小，说明纤维的添加有效地抑制了裂纹的萌生与扩展。

图 5-15（c）为不同纤维含量的环刀试样在干湿循环 5 次后的裂纹发展情况。当无纤维添加时，试样经干湿循环后裂纹贯穿了整个试样且裂纹宽度较大，形成了明显的裂隙；当纤维含量为 0.3% 或 1.0% 时，形成了几条单独的裂纹，裂纹的宽度及长度明显减小，而纤维含量为 0.6% 或 0.8% 时，环刀样表面的裂纹长度及宽度进一步减小，但细小裂纹数量增加，这表明采用纤维加筋增强黄土强度时存在一个最优的含量范围，纤维含量过多

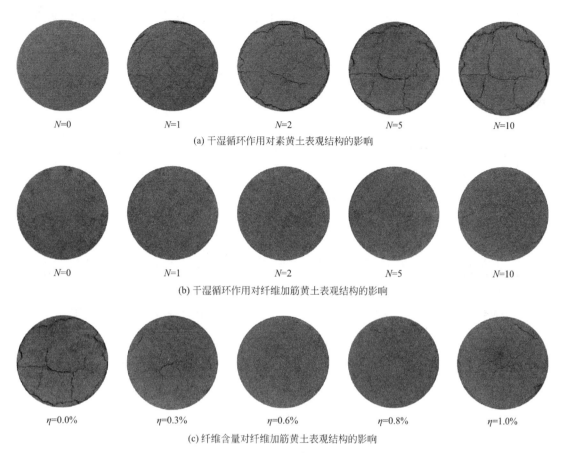

$N=0$ $N=1$ $N=2$ $N=5$ $N=10$

(a) 干湿循环作用对素黄土表观结构的影响

$N=0$ $N=1$ $N=2$ $N=5$ $N=10$

(b) 干湿循环作用对纤维加筋黄土表观结构的影响

$\eta=0.0\%$ $\eta=0.3\%$ $\eta=0.6\%$ $\eta=0.8\%$ $\eta=1.0\%$

(c) 纤维含量对纤维加筋黄土表观结构的影响

图 5-15 不同工况下纤维加筋黄土表观结构的变化结果

或者过少都会影响其加筋效果。

为了进一步分析干湿循环作用和纤维含量对加筋土表观裂隙的影响，通过 PCAS 系统对图 5-15 进行了定量化分析，定量化结果如图 5-16 所示。图 5-16（a）、（b）分别为素黄土与纤维加筋黄土（$\eta=0.6\%$）试样在经历不同干湿循环次数后的裂隙率及分形维数变化情况，其中裂隙率反映试样的裂隙发育情况，分形维数反映试样裂隙的空间复杂程度。由图 5-16 可知，随着干湿循环次数的增加，素黄土与纤维加筋黄土的裂隙率及分形维数均呈不断增大的趋势，在干湿循环的前 2 次裂隙率增加明显，分别占 10 次干湿循环总裂隙率的 54.23%、59.29%，2～10 次干湿循环裂隙率增长缓慢。

分析其原因，主要是试样在干湿循环初期时受脱湿、浸水作用影响较大，进而在脱湿后宏观裂纹迅速扩展，而在后几次干湿循环作用后，脱湿过程产生的收缩力被前期的宏观裂纹消耗，从而导致了干湿循环后期裂纹的扩展变缓，导致裂隙率增长缓慢。在干湿循环10 次后，纤维加筋试样的裂隙率为 2.26%，与素黄土（5.20%）相比，裂隙率下降了 56.54%。同时，试样的分形维数随干湿循环次数的变化趋势与裂隙率一致，在经历 2 次干湿循环后分形维数迅速增加，后几次干湿循环增加变缓，裂隙分形维数受裂隙宽度和裂隙长度两个因素影响，说明裂隙在经历 2 次干湿循环后，土体表面裂隙的宽度和长度都迅速增大。

图 5-16（c）所示的为试样干湿循环 5 次时裂隙率、分形维数随不同纤维含量的变化情况。由图可知，素黄土试样的原生微裂纹经干湿循环后快速扩展，并产生大量的新裂纹，裂隙率达到 4.66%。然而对于纤维加筋土来说，由于纤维的添加其裂隙率下降明显，与无纤维试样相比，平均下降幅度为 61.53%。分形维数结果显示其变化规律与裂隙率大致相同。

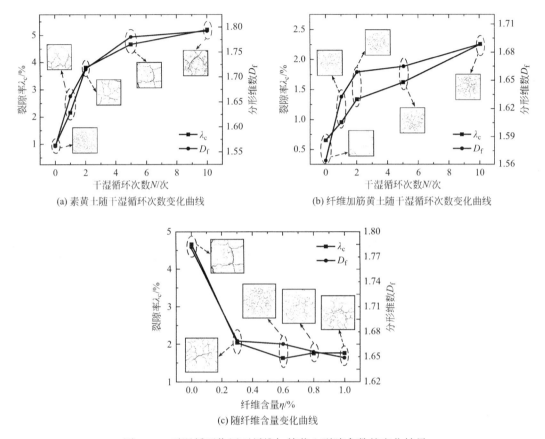

(a) 素黄土随干湿循环次数变化曲线　　(b) 纤维加筋黄土随干湿循环次数变化曲线

(c) 随纤维含量变化曲线

图 5-16　干湿循环作用下纤维加筋黄土裂隙参数的变化结果

5.3.5　CT 扫描试验结果分析

数字图像和表观裂隙的研究为揭示黄土的干湿劣化机理以及纤维添加抵御黄土干湿劣化的效果提供了一定的理论依据。然而，这些成果不能有效反映干湿循环作用对素黄土和纤维加筋黄土细观结构的影响。为此，本节选取素黄土和典型工况下的纤维加筋黄土（$\eta=0.6\%$），通过 CT 扫描试验研究干湿循环作用对其细观结构的影响。

图 5-17（a）、（b）分别为素黄土与纤维加筋黄土在不同干湿循环次数条件下的 CT 扫描结果。根据 CT 扫描成像的基本原理，CT 图像的灰度值与试样的密度成正比，图像的灰度区域代表试样在该区域密度较大，黑色区域代表该区域密度相对较小。

由图 5-17（a）可知，素黄土在无干湿循环时试样的 CT 扫描成像比较均一，经历一次干湿循环后，试样的左上角从外表面出现了一条宏观裂纹，即 1 号主裂纹；在干湿循环 2 次后试样的裂纹数量扩展为 3 条（分别为主裂纹 1、2、3），且三条裂纹均匀地分布在试

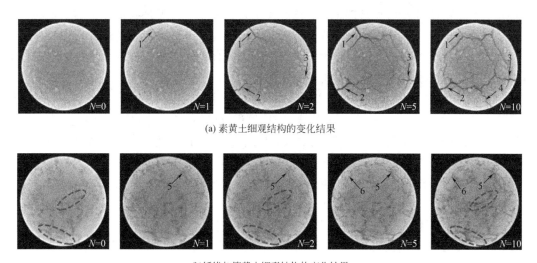

(a) 素黄土细观结构的变化结果

(b)纤维加筋黄土细观结构的变化结果

图 5-17　不同干湿循环次数下的 CT 扫描图像

样外表面，大致的间隔为 120°，此时 1 号裂纹向试样内部进一步扩展，并分叉为两条不同方向的微裂纹，加剧了试样内部的结构损伤；当试样经历 5 次干湿循环后，3 条主裂纹进一步向试样内部扩展，并萌生了许多新的微裂纹，微裂纹在试样内部发展贯通，几乎贯穿了整个试样；最后试样在 10 次干湿循环后，试样内部的微裂纹完全贯通，并向外表面扩展，产生了新的 4 号裂纹，此时由于内部裂纹的扩展释放了试样收缩时外表面的拉应力，1 号裂纹的宽度有所减小。

分析其原因，在脱湿干燥过程中，土体内部的自由水逐步蒸发流失，剩下包裹在土颗粒表面周围的强结合水，且结合水膜的厚度逐渐减小，致使颗粒间的基质吸力逐步增大，在此作用下距离越近的土颗粒受吸力影响越大，导致土颗粒结构重新排列，进而原有的微裂纹逐步扩展或产生新的微裂纹。当土体再度浸水湿润时，经脱湿干燥后产生的微裂纹被自由水所充满，并且当自由水在土体内部迁移时，一部分土颗粒遇水发生塌落使土体结构进一步破坏，微裂纹进一步扩展。因此，反复的干湿循环作用导致了试样微结构的破坏，从而造成了裂纹的产生。

相反，通过观察图 5-17（b）可以发现，与素黄土相比，纤维加筋黄土 CT 扫描的灰度图像出现了大量的线条性、区域性的黑色区域，显然这是由于纤维添加造成的不均质性。然而，纤维加筋黄土试样在经历干湿循环后，试样内部结构损伤变化不明显，只有在局部的区域可以看到灰度图像颜色变深。这些颜色变深区域主要是由原始试样的不均匀损伤向周围扩展引起的，明显的区域变化情况已在图中进行了标注（椭圆区域），以及极少数的微裂纹产生，如图 5-17（b）中的 5、6 号微裂纹。这表明干湿循环对纤维加筋黄土的损伤影响很小。通过对比素黄土与纤维加筋黄土干湿循环的扫描结果，可以发现纤维添加可以有效抑制裂纹的萌生扩展，降低了干湿循环的劣化效应。

图 5-18（a）分别为纤维加筋黄土 CT 数均值 ME 和方差 SD 随干湿循环次数的变化情况。由图 5-18（a）可知，随着干湿循环次数的增加，ME 值不断减小，SD 值不断增加。同时发现在前 2 次干湿循环后 CT 数变化比较明显，随着干湿循环次数的增加，CT 数变

化量减小，5 至 10 次干湿循环时 CT 数变化不大，这表明干湿循环对加筋土的影响在一定次数之后逐渐稳定。干湿循环对素黄土试样的影响整体大于含有纤维的试样，在 5～10 次干湿循环时 ME 值的变化量也明显大于含有纤维的试样，这表明纤维的添加提高了试样的整体性，有效降低了干湿循环对黄土微结构的影响。

图 5-18（b）为纤维含量对于纤维加筋土 CT 数的影响曲线。由图 5-18（b）可知，纤维加筋土与素黄土相比，ME 值明显增大，SD 值稍有减小，但不同纤维含量之间的 CT 数差异较小，纤维含量为 0.6％时 ME 值最大，SD 值最小，即该含量时纤维加筋抵御干湿循环的效果最好。分析其原因，素黄土试样是由土颗粒的黏结作用连接在一起的，这种黏结作用主要是由土颗粒间的分子力引起的，当掺入一定量的纤维时，纤维与土颗粒的黏结作用以及纤维对于土颗粒的握裹作用显著大于素黄土土颗粒的黏结作用，然而当纤维含量继续增加时，纤维在土颗粒中的分布使得土颗粒间原有的黏结作用降低，且纤维含量增加会导致少量纤维的团聚发生，试样内部初始的薄弱单元增加，继而降低了试样的整体性。

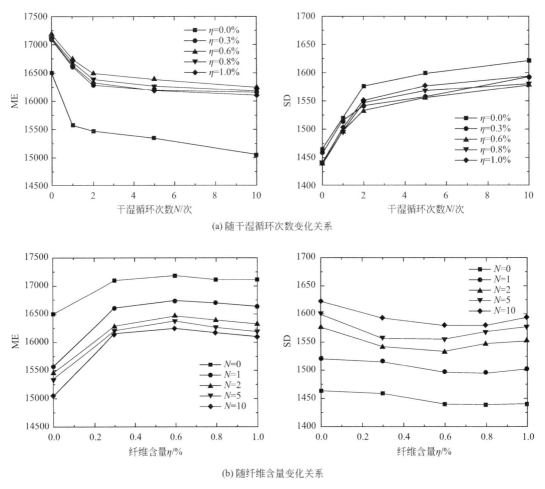

(a) 随干湿循环次数变化关系

(b) 随纤维含量变化关系

图 5-18 CT 数随干湿循环次数和纤维含量关系曲线

5.3.6　SEM 微观结构分析

　　由纤维加筋黄土的表观图像（图 5-15）和细观扫描结果（图 5-17）可知，纤维加筋可以显著影响黄土在干湿循环后的裂隙发展情况。为了揭示纤维加筋抵御干湿循环劣化效应的加筋机理，本节采用扫描电子显微镜（SEM）来观察分析纤维加筋黄土在干湿循环后的微观结构变化。

　　图 5-19 给出了干湿循环效应下放大倍数为 1000 倍的微观 SEM 图像。其中，素黄土试样干湿循环 0、2、10 次的 SEM 图像如图 5-19（a）、（b）、（c）所示；玄武岩纤维含量0.6％的加筋黄土试样干湿循环 0、2、10 次的 SEM 图像如图 5-19（d）、（e）、（f）所示。由图 5-19 可见，干湿循环前素黄土的骨架结构呈现密实的堆砌特征；纤维加筋黄土试样的结构亦较为致密且筋/土界面表现出稳定的相互咬合界面作用力，也即土颗粒和纤维表面具有很好的黏结力和摩擦力，从而有效地限制了纤维与土体的相对滑移，显著提升黄土试样的强度和整体稳定性。干湿循环 2 次后，素黄土试样整体结构变疏松且局部产生微裂纹；纤维加筋黄土试样局部产生大的孔隙，从而导致纤维与土颗粒之间的界面作用力有一定程度下降。干湿循环 10 次后，素黄土试样内部微裂纹扩展且相互贯通，将土骨架分割成块状，反映出干湿循环作用对素黄土的微结构产生了显著的劣化效应；纤维加筋黄土试样的筋/土界面产生一定的开裂和松弛现象，在一定程度上弱化了纤维的加筋效应，但与素黄土试样相比，由于筋/土界面力作用，干湿循环效应下加筋试样的微观结构表现出显著的整体稳定性。上述变化规律揭示了纤维加筋作用，可以有效提升黄土试样干湿循环过程三轴剪切强度的微观机制。

(a) 素黄土，$N=0$　　　　　(b) 素黄土，$N=2$　　　　　(c) 素黄土，$N=10$

(d) 加筋土，$N=0$　　　　　(e) 加筋土，$N=2$　　　　　(f) 加筋土，$N=10$

图 5-19　干湿循环作用下加筋土的微观结构变化（放大 1000 倍）

5.4 宏细观损伤相关性讨论

据以上研究发现，干湿循环作用下纤维加筋黄土的劣化损伤可由表面形貌、裂隙率和微细观结构变化等来描述其宏观力学的劣化特征。因此，干湿循环作用造成的宏观尺度损伤可由不同尺度参数进行反映。干湿循环作用对不同尺度参数的相关性分析对岩土工程的设计和施工具有指导意义。为此，本节通过两种方法来建立宏细观损伤之间的联系，分析讨论两者之间的相关性。

5.4.1 表观裂隙率与割线模量分析

纤维加筋黄土宏观尺度的损伤除已知的破坏偏应力损伤外，还可以由割线模量来描述，割线模量表示的宏观尺度退化对岩土工程设计工程师也很重要。干湿循环作用引起的割线模量损伤可表示为以下形式：

$$D_{SE} = \frac{SE_0 - SE_N}{SE_0} \qquad (5\text{-}4)$$

式中：D_{SE} 为割线模量损伤；SE_0 为未干湿循环时的割线模量值；SE_N 为经干湿循环 N 次后的割线模量值。

根据 Hamidi and Hooresfand 的研究，本节定义纤维加筋黄土的割线模量（E_{50}）等于 50% 破坏偏应力相应的应力-应变比，其可根据应力-应变曲线计算得到。图 5-20 给出了加筋黄土表观裂隙率和割线模量损伤的相关性结果。由图 5-20 可以看出，割线模量损伤的变化与表观裂隙率的变化一致，即在第二次循环后显著增加，但在接下来的循环中趋于稳定。这表明干湿循环后试样的宏观尺度损伤与表观裂隙率密切相关，表观裂隙率的变化结果可以用来表征宏观力学的变化。

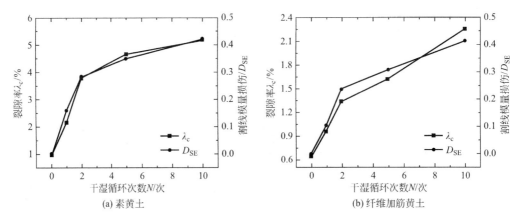

图 5-20 裂隙率与割线模量损伤相关性

5.4.2 破坏偏应力与 CT 数 ME 值分析

干湿循环效应下玄武岩纤维加筋黄土的宏观损伤特征可由三轴剪切破坏偏应力的劣化规律进行表征，而宏观损伤与细观损伤密切相关。基于此，分别定义基于三轴破坏偏应力

的宏观损伤变量 D_f 和 CT 数 ME 值的细观损伤变量 D_m，以揭示干湿循环效应下宏细观损伤演化的相互关系。基于破坏偏应力的宏观损伤变量 D_f 可由式（5-5）计算：

$$D_f = \frac{(\sigma_1 - \sigma_3)_{f,0} - (\sigma_1 - \sigma_3)_{f,N}}{(\sigma_1 - \sigma_3)_{f,0}} \tag{5-5}$$

式中：$(\sigma_1 - \sigma_3)_{f,0}$ 表示干湿循环 0 次的破坏偏应力，$(\sigma_1 - \sigma_3)_{f,N}$ 表示干湿循环 N 次的破坏偏应力，D_f 数值越大表示试样损伤幅值越大。

CT 数 ME 值的变化反映的是试样密度变化特征，而试样密度变化亦可反映其损伤特征，因此细观损伤变量 D_m 可通过式（5-6）来表示：

$$D_m = \frac{\rho_0 - \rho_N}{\rho_0} = \frac{\Delta\rho}{\rho_0} \tag{5-6}$$

式中：ρ_0 表示初始状态下试样的密度；ρ_N 表示干湿循环 N 次后试样的密度。

根据 CT 原理可知，CT 数 ME 值与试样的密度可近似表示为：

$$\Delta\rho = \left(1 - \frac{1000 + H_N}{1000 + H_0}\right) \times \rho_0 \tag{5-7}$$

式中：H_N，H_0 分别为与 ρ_N 和 ρ_0 所对应的试样 CT 数 ME 值。

将式（5-7）代入式（5-6），则可以得到基于 CT 数 ME 值的损伤变量 D_m 表达式：

$$D_m = \frac{H_0 - H_N}{1000 + H_0} \tag{5-8}$$

宏观损伤变量 D_f 和细观损伤变量 D_m 的变化规律对比如图 5-21 所示。由图 5-21 可见，宏细观损伤变量干湿循环过程表现出一致的变化规律：干湿循环初始阶段宏细观损伤变量增幅均较大，随着干湿循环次数增大，增速逐渐减小且趋于一个稳定数值。由此，干湿循环作用会导致玄武岩纤维加筋黄土试样的减速劣化效应，CT 细观结构损伤变量准确揭示了宏观三轴剪切强度的干湿劣化机理。

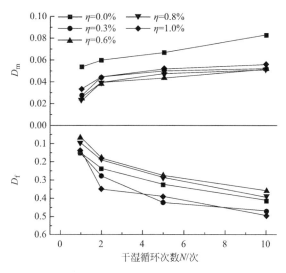

图 5-21　破坏偏应力损伤与 CT 数 ME 值相关性

5.5 干湿循环作用下双曲线联合强度理论

已有联合强度理论的研究成果表明，土体的强度包络线呈现一种非线性关系，李荣建等在 σ-τ 坐标系内用一条双曲线来表征土体的强度包线，可以很好地反映拉伸和剪切复杂应力状态下土体的强度特性。当土体在同时受到拉伸和剪切应力状况下，即可根据其来判断试样是否达到破坏状态，其具体公式如下所示：

$$\tau^2 = (c + \sigma\tan\varphi)^2 - (c - \sigma_t\tan\varphi)^2 \tag{5-9}$$

根据第 4 章 4.4 节的研究结果可知，采用双曲线联合强度理论 [式 (5-9)] 来判断纤维加筋黄土复杂应力状态下的破坏情况是有效的。为进一步验证双曲线联合强度理论在干湿循环作用下对纤维加筋黄土的适用性，下面将结合试验结果进行验证分析。由式 (5-9) 可知，构建干湿循环作用下玄武岩纤维加筋黄土的联合强度理论，首先需要确定干湿循环条件下纤维加筋黄土的单轴抗拉强度 σ_t 以及剪切强度指标 c、φ 值，加筋黄土的单轴抗拉强度由单轴拉伸试验获得 (图 3-8)，剪切强度指标由上述三轴试验获得 (图 5-8、图 5-9)。

基于纤维加筋黄土的单轴拉伸和三轴剪切强度数据，对试验所得数据进行最优化拟合分析，这里选取八种不同试验工况来验证试验结果与双曲线联合强度理论的匹配程度。图 5-22 为不同试验工况下纤维加筋黄土的强度拟合结果，图中四个应力莫尔圆分别为单轴拉伸和三轴剪切试验莫尔圆，虚线为莫尔-库仑强度包线，实线则表示双曲线联合强度理论拟合曲线。通过比较双曲线联合强度理论的拟合结果，可以发现联合强度理论在拉剪区域均能很好地与应力莫尔圆相切，且拟合结果在剪切区域近似与莫尔-库仑包线重合，与试验结果拟合程度良好，因此该理论可以很好地判断加筋土在拉伸或剪切状态下的破坏强度。

双曲线联合强度理论模型确定之后，发现对于不同干湿循环次数的纤维加筋黄土需要采用不同的抗拉强度，粘聚力及内摩擦角进行拟合，不便于实际工程应用。由式 (5-9) 可知，加筋黄土的双曲线联合强度方程由粘聚力、内摩擦角以及抗拉强度共同决定，下面将以无干湿循环试验结果为基础，假定其粘聚力为 c_0，内摩擦角为 φ_0，抗拉强度为 σ_{t0}，拟合得到干湿循环条件下加筋黄土的粘聚力 c，内摩擦角 φ 以及抗拉强度 σ_t 与无干湿循环纤维加筋黄土指标的关系式，从而简化不同干湿循环条件的联合强度理论方程。根据前面的试验结果选取最优纤维含量为 0.6% 的试样为代表，拟合得到其不同干湿循环条件下加筋黄土的指标与无干湿循环加筋黄土指标的关系式，拟合结果如下所示：

$$c = c_0(a + bN + dN^2) \tag{5-10}$$

$$\varphi = \varphi_0(e + fN) \tag{5-11}$$

$$\sigma_t = \sigma_{t0}(g + hN) \tag{5-12}$$

式中：N 表示干湿循环次数；a、b、d、e、f、g、h 为拟合参数。由拟合结果可以得到粘聚力、内摩擦角以及抗拉强度的 R^2 均到达 0.91 以上，拟合相关性较好，拟合参数的值见表 5-1。

纤维加筋黄土强度指标拟合参数　　　　　　　　　　　　　　表 5-1

a	b	d	e	f	g	h
0.9529	-0.0873	0.0050	0.9748	-0.0088	0.7326	-0.0334

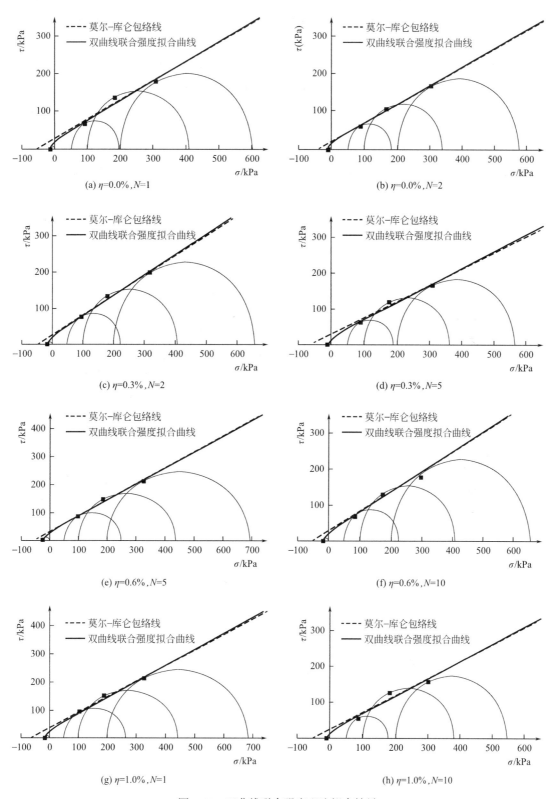

图 5-22　双曲线联合强度理论拟合结果

干湿循环条件下纤维加筋黄土的强度指标与无干湿循环加筋黄土的强度指标关系确定之后，通过联立式（5-9）～式（5-12）即可得到不同干湿循环次数加筋黄土的统一联合强度理论模型。为了验证干湿循环条件下纤维加筋黄土统一联合强度理论模型的适用性，将莫尔-库仑准则中任意一点的应力状态公式得到的剪应力 τ 和统一联合强度理论模型得到的剪应力 τ 进行比较分析。首先把三个不同围压下不同干湿循环次数纤维加筋黄土应变为 15% 处的剪切强度代入式（5-13）得到一组相应的应力值 σ、τ，再将 σ 值以及由式（5-10）～式（5-12）得到的拟合指标代入式（5-9）得到一组新的剪应力 τ，然后将式（5-13）得到的剪切力 τ 作为试验实测值，将式（5-9）得到的剪切力 τ 作为计算值，对两者进行比较分析。

$$\left.\begin{array}{l} \sigma = \dfrac{1}{2}(\sigma_1 + \sigma_3) + \dfrac{1}{2}(\sigma_1 - \sigma_3)\cos 2\alpha \\[2mm] \tau = \dfrac{1}{2}(\sigma_1 - \sigma_3)\sin 2\alpha \end{array}\right\} \qquad (5\text{-}13)$$

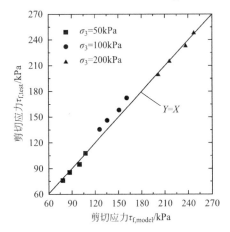

图 5-23 试验实测与模型计算剪应力的比较

图 5-23 所示为根据莫尔-库仑准则和统一联合强度理论模型分别计算的剪应力 τ 的比较结果，可以发现统一联合强度理论模型计算得到的剪应力与实测的试验结果较为吻合，大致分布于 45°参照线的两侧。为了定量地描述模型的精确性，对统一联合强度理论模型计算的结果与试验实测结果进行误差性分析。误差性分析的数据组共计 12 组，包括 3 个不同围压下 4 个干湿循环次数（1、2、5、10）的 12 个试样。下面根据式（5-14）和式（5-15）计算 12 组数据的均方根误差（RMSE）以及标准均方根误差（NRMSE），计算的结果见表 5-2。

试验实测与模型计算的剪应力的定量比较　　　　　　　　　　表 5-2

纤维含量 $\eta/\%$	干湿循环次数 N	50kPa		100kPa		200kPa	
		$\tau_{f,test}$	$\tau_{f,model}$	$\tau_{f,model}$	$\tau_{f,model}$	$\tau_{f,model}$	$\tau_{f,model}$
0.6	1	108.20	107.76	172.19	160.75	247.76	247.58
	2	95.06	99.44	157.71	151.38	232.43	236.91
	5	85.49	86.93	146.03	136.04	214.92	216.04
	10	76.18	78.60	135.33	125.91	199.26	201.67
数据组数(n)							12
Max($\tau_{f,test}$)							247.76
Min($\tau_{f,test}$)							76.18
RMSE(kPa)							5.88
NRMSE(%)							4.7%

$$\text{RMSE} = \sqrt{\frac{\sum_{i=1}^{n}(\tau_{f,\text{test}_i} - \tau_{f,\text{model}_i})^2}{n}} \tag{5-14}$$

$$\text{NRMSE} = \frac{\text{RMSE}}{\text{Max}(\tau_{f,\text{test}}) - \text{Min}(\tau_{f,\text{test}})} \tag{5-15}$$

式中：n 表示数据组数；$\tau_{f,\text{test}}$ 和 $\tau_{f,\text{model}}$ 分别表示试验实测值与统一联合强度理论模型计算值。

根据图 5-23 的结果比较并考虑表 5-2 中计算得到的 RMSE 和 NRMSE 的值，可以发现由干湿循环条件下纤维加筋黄土统一联合强度理论模型计算得到的应力值与试验实测结果一致性较好，可以很好地反映出干湿循环后纤维加筋黄土的复杂应力状态。此外，根据统一联合强度理论模型计算的剪应力与试验实测值的相关性分析结果可以得到，统一联合强度理论模型的计算值与试验实测值之间的 R^2 为 0.995，显著性概率小于 0.01，表明两者之间显著相关。

5.6　干湿循环作用下统计损伤本构模型

根据 4.5 节可知，统计损伤本构模型可以较好地反映出特定围压下纤维加筋黄土应力-应变曲线的变化过程。同时模型参数少，便于工程应用。为进一步扩展干湿循环作用下纤维加筋土的统计损伤本构模型，本节将考虑把干湿循环引起的初始损伤与加载损伤变量进行耦合，建立一个考虑干湿循环效应的纤维加筋黄土的统计损伤本构模型。

5.6.1　损伤变量的建立

根据 Lemaitre 应变等价性原理：全应力 σ 作用在受损材料上引起的应变与有效应力 σ' 作用在无损材料上引起的应变等价。根据这一原理，只需用有效应力来取代无损材料本构关系中的名义应力，即可得到损伤材料的本构关系：

$$[\sigma] = [\sigma'](1-D) = [E][\varepsilon](1-D) \tag{5-16}$$

式中：$[\sigma']$ 和 $[\sigma]$ 分别为有效应力矩阵和名义应力矩阵；$[E]$ 为材料的弹性矩阵；$[\varepsilon]$ 为应变矩阵；D 为损伤变量。根据 4.5.1 节可知土体加载过程的损伤变量 D 可表示为：

$$D = \int_0^F P(F)\,dx = 1 - \exp\left[-\left(\frac{F}{a}\right)^m\right] \tag{5-17}$$

式中：F 为土体微元的强度水平，服从 Weibull 分布；m 及 a 为 Weibull 分布参数，反映土体材料的力学性质。

对于纤维加筋黄土来说，土样在经历干湿循环效应后试样会产生一定的初始损伤，这里通过弹性模量来表征其初始损伤，假定无干湿加筋土的弹性模量为 E_0，经历干湿循环 N 次后试样的弹性模量为 E_N，定义试样在经历干湿循环 N 次后的初始损伤为 D_N，则：

$$D_N = 1 - \frac{E_N}{E_0} \tag{5-18}$$

纤维加筋黄土在干湿循环后的初始损伤 D_N 与加载过程中的加载损伤 D 并不是相互独立的，而是两者相互叠加且相互弱化的。为了综合反映荷载与干湿循环作用的影响，本研究采用文献中岩石结构损伤发展演化规律的处理方法，即材料的内聚力减弱是由干湿和荷载两种机制共同引起的，且两种损伤作用是非线性相互作用的。因此，材料的总损伤可以表示为：

$$D_{\mathrm{T}} = D + D_{\mathrm{N}} - DD_{\mathrm{N}} \tag{5-19}$$

式中：D_{T} 为考虑干湿循环以及荷载综合作用的总损伤变量；D 为由荷载作用的损伤变量；D_{N} 为干湿损伤变量；DD_{N} 为耦合项，反映了干湿循环与荷载对结构损伤的互相耦合及弱化作用。

5.6.2 统计损伤本构模型的建立

由式（5-17）可知，判定土体微元是否破坏需要确定土体微元强度的强度准则。据此，这里引入 Drucker-Prager 准则反映土体的微元强度 F：

$$F = f(\sigma) = \alpha_0 I_1 + J_2^{1/2} \tag{5-20}$$

$$\alpha_0 = \frac{\sqrt{3}\sin\varphi}{3\sqrt{3+\sin^2\varphi}}$$

$$I_1 = \sigma_1' + \sigma_2' + \sigma_3' = \frac{(\sigma_1 + 2\sigma_3)E_{\mathrm{N}}\varepsilon_1}{\sigma_1 - 2\mu\sigma_3}$$

$$J_2^{1/2} = \frac{(\sigma_1'-\sigma_2')^2 + (\sigma_2'-\sigma_3')^2 + (\sigma_1'-\sigma_3')^2}{6} = \frac{(\sigma_1-\sigma_3)E_{\mathrm{N}}\varepsilon_1}{\sqrt{3}(\sigma_1-2\mu\sigma_3)}$$

式中：φ 为内摩擦角；I_1 为应力张量的第一不变量；J_2 为应力偏张量的第二不变量；α_0 为与土体材料性质有关的参数。

根据三轴试验的研究结果，即可计算得出 I_1 和 J_2 的值，将其代入式（5-20）即可得到微元强度 F，再将式（5-20）代入式（5-17）即可得到土体的加载损伤变量 D。纤维加筋土在经历干湿循环后的干湿损伤可由式（5-18）计算得到，这里选取轴向应变为 1% 处相应的偏应力计算加筋土在干湿循环后的弹性模量。加载损伤 D 以及干湿损伤 D_{N} 确定之后，结合式（5-16）和式（5-19）即可得到干湿循环效应下加筋土体的损伤本构关系。由于常规三轴试验时围压应力 $\sigma_2 = \sigma_3$，相应的围应变有 $\varepsilon_2 = \varepsilon_3$，故式（5-16）可简化为：

$$\sigma_1 = E_{\mathrm{N}}\varepsilon_1 \exp\left[-\left(\frac{F}{a}\right)^m\right] + 2\mu\sigma_3 \tag{5-21}$$

土体损伤的本构关系确立之后，首先需要确定 Weibull 分布参数 m 和 a 的值。在以往的研究中，模型参数大多是通过试验曲线拟合来获得的，不能真实反映土体损伤内在机理与其力学特性的一般规律。这里根据应力-应变曲线特征点的几何关系来确定其参数值，计算公式如式（5-22）、式（5-23）所示。σ_f 为峰值应力，ε_f 为峰值应力相应的峰值应变，F_c 为 $\varepsilon_1 = \varepsilon_f$ 时的 F 值，其均可以简单地根据宏观力学试验来获得。

$$a = F_c(m)^{\frac{1}{m}} \tag{5-22}$$

$$m = 1/\ln\frac{E_{\mathrm{N}}\varepsilon_f}{\sigma_f - 2\mu\sigma_3} \tag{5-23}$$

5.6.3 模型验证

在上述的模型参数确定之后，根据式（5-17）和式（5-19）即可得到试样损伤变量的变化情况，这里选取纤维含量为 0.6% 的加筋土进行分析。图 5-24（a）为由弹性模量表示的纤维加筋土在经历干湿循环作用后的初始损伤。由图 5-24 可知，干湿损伤变量随着干湿循环次数增加非线性变化，干湿循环前期（$N \leqslant 2$）试样的干湿损伤变量较为明显，大致呈线性增长，随后干湿损伤变量随着干湿循环次数的增加出现了波动的变化，但整体上呈增长的趋势。图 5-24（b）、（c）、（d）分别表示不同围压条件下的总损伤变量。由图可知，总损伤变量随着应变的发展呈现出与偏应力相似的发展趋势，并最终达到 <1 的损伤极限值，随着干湿循环次数增加逐渐增大，即干湿循环显著增加了加筋土的损伤幅值。

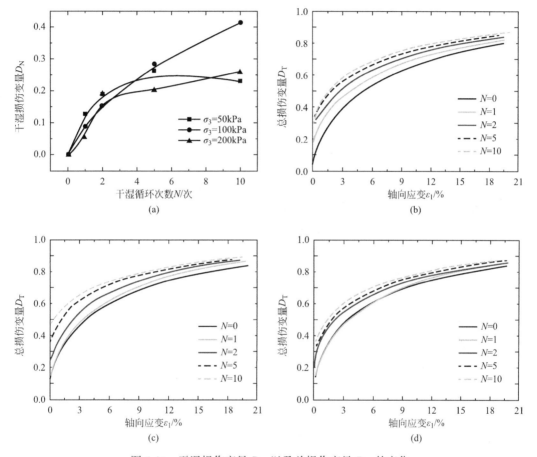

图 5-24　干湿损伤变量 D_N 以及总损伤变量 D_T 的变化

　　总损伤变量 D_T 确定之后，根据式（5-21）进行统计损伤本构模型的验证，验证的结果如图 5-25 所示。由图可以看出，由模型计算得出的理论曲线与试验曲线吻合较好。因此，该模型可以较好地反映出干湿循环效应下纤维加筋黄土应力-应变曲线的变化过程。同时该模型参数少，便于工程应用。

　　图 5-26 所示的为轴向应变为 15% 时，由统计损伤本构模型计算的剪切强度与三轴试验获得的剪切强度的比较结果，由图 5-26 可知计算得到的剪切强度与实测的试验结果较为吻合，大致分布于 45° 标识线的两侧。为了定量地描述模型的精确性，根据不同围压条件下模型计算的结果与实测的试验结果进行误差性分析。下面根据式（5-24）和式（5-25）

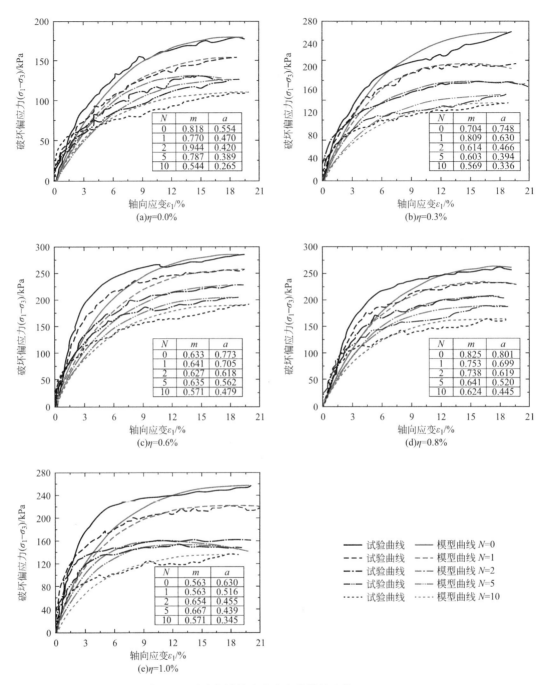

图 5-25 试验与计算应力应变曲线的比较 $\sigma_3 = 50\text{kPa}$

计算数据的均方根误差（RMSE）以及标准均方根误差（NRMSE），误差分析的结果如图 5-26 所示。

$$\text{RMSE} = \sqrt{\dfrac{\sum\limits_{i=1}^{n}(p_{\text{f,test}_i} - p_{\text{f,model}_i})^2}{n}} \tag{5-24}$$

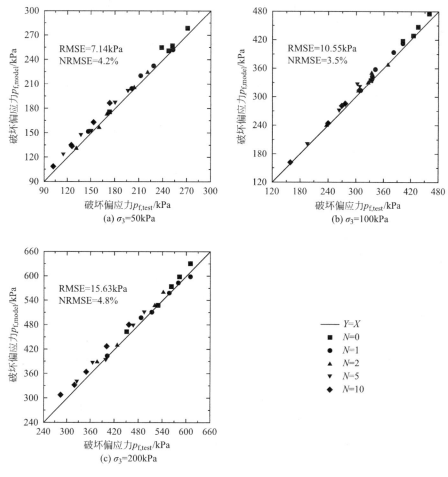

图 5-26　试验实测与模型计算破坏偏应力的比较

$$NRMSE = \frac{RMSE}{Max(p_{f,test}) - Min(p_{f,test})} \tag{5-25}$$

式中：n 表示数据组数；$p_{f,test}$ 和 $p_{f,model}$ 分别表示轴向应变为 15% 时试验实测与计算得到的破坏偏应力值。

根据图 5-26 的比较结果并考虑计算得到的 RMSE 和 NRMSE 的值，可以发现统计损伤本构模型计算的剪切强度与三轴试验获得的剪切强度相关性较好，表明该模型可以很好地反映出干湿循环效应下纤维加筋黄土的剪切破坏强度。此外根据统计损伤本构模型计算的剪应力与试验实测值的相关性分析结果可以得到，统计损伤本构模型的计算值与试验实测值之间的 R^2 为 0.998，显著性概率小于 0.01，表明两者之间显著相关。

5.7　本章小结

本章以西安黄土为试验对象，主要通过室内三轴剪切试验、数字图像相关试验、干湿循环试验、CT 扫描和扫描电镜试验等方面对玄武岩纤维加筋黄土开展了研究工作，主要得到以下结论：

（1）素黄土的破坏模式为脆性剪切带破坏，纤维加筋提高了黄土的塑性特征，随着纤维含量的增加塑性特征越明显，其破坏模式为鼓胀破坏；加筋土随着干湿循环次数的增加塑性特征逐渐衰减，在干湿循环 5 次后又退回为脆性剪切带破坏。

（2）经历干湿循环之后素黄土和纤维加筋土的应力-应变曲线均为应变硬化型，但是随着干湿循环次数的增加，曲线硬化的趋势减弱，逐渐由强硬化型转化为弱硬化型。

（3）纤维加筋黄土和素黄土在经历干湿循环之后强度均出现衰减，干湿循环作用使试样内部经历了含水到无水的过程，这样就会使试样内部产生裂隙，随着干湿循环次数的增加裂隙会进一步发展。在前期的干湿过程中（0～2 次）强度的损失最为严重，对比纤维土和素黄土，发现素黄土强度损失更为显著，说明添加玄武岩纤维可以抵御干湿循环作用。

（4）干湿循环作用会使得粘聚力降低，且 0 次到 1 次循环粘聚力降低最明显，相同干湿循环次数下随着纤维掺量的增加粘聚力先增加后减小。内摩擦角随着干湿循环次数的增加呈现微弱降低的趋势，随纤维掺量增加呈现先增加后减小的趋势，但是幅度很小。

（5）干湿损伤度随着干湿循环次数增加而增大，且前期干湿循环损伤系数增速要比后期大；对比素黄土和加筋土可发现素黄土损伤系数大于加筋土，即加入纤维可以抑制干湿劣化效应，但存在最佳纤维配比为 0.6%。

（6）添加玄武岩纤维可以有效抑制黄土表观裂纹的发展，表观裂纹的扩展规律与加筋土强度衰减的规律基本一致，即前 2 次干湿循环对于加筋土的影响最为明显，在第 5 次干湿循环之后裂隙基本趋于稳定。

（7）扫描电镜结果表明干湿循环破坏了素黄土土颗粒及其团聚体的微观结构，产生了明显的微裂纹；纤维加筋黄土在干湿循环作用下，微观结构变化主要发生在土与纤维界面处，纤维网络是干湿循环后加筋土强度高于素黄土的主要原因。

（8）CT 扫描试验表明纤维添加降低了干湿循环作用对于黄土细观结构的劣化损伤，抑制了微裂纹的产生。CT 数 ME 值、SD 值变化曲线表明前 2 次干湿循环对于加筋土细观结构的影响较大，在干湿循环后期加筋土的劣化损伤逐渐减小并趋于稳定。

（9）建立的考虑干湿循环效应的统一双曲线联合强度理论模型可以很好地反映纤维加筋黄土在干湿循环效应下的抗拉和抗剪强度特性。误差分析结果表明该模型可以很好地反映干湿循环效应下纤维加筋土的剪切强度特性。

（10）构建了干湿循环效应下玄武岩纤维加筋黄土的统计损伤本构模型，可较好预测纤维加筋黄土干湿循环过程的三轴剪切应力-应变关系及破坏偏应力。

第6章 总结与展望

6.1 主要结论

6.1.1 玄武岩纤维加筋黄土单轴压缩力学行为研究

（1）所有纤维加筋黄土试样应力-应变曲线均为应变软化型，但掺入纤维后的加筋黄土试样对比素黄土其峰值强度高，峰后曲线下降平缓，且达到峰值时的应变均比素黄土大，说明纤维加入土体后不但能提高抗压强度同时可以增加土体抗变形能力。

（2）不同纤维长度与纤维含量的黄土单轴抗压强度和破坏应变均呈现先增大后减小的变化趋势，当长度 12mm 时单轴抗压强度和破坏应变优于其余长度，含量 0.6% 时单轴抗压强度和破坏应变优于其余含量。

（3）引入纤维加筋效果系数分析得到当纤维长度为 12mm 含量为 0.6% 时为玄武岩纤维加筋黄土最优配比，此时单轴抗压强度最高。并基于加筋系数试验数据，得到纤维长度及纤维含量影响的纤维加筋黄土加筋系数多变量预测模型。

（4）随着干湿循环次数的增加，所有纤维含量试样的单轴抗压强度和破坏应变均逐渐减小。但单轴抗压强度减小幅度不同，表现为前几次干湿循环作用对纤维加筋黄土单轴抗压强度的影响显著，随着干湿次数的增长，干湿循环作用对黄土单轴抗压强度的影响越来越不明显。

（5）定义干湿损伤度，发现随着干湿循环次数的增加，纤维加筋黄土的损伤度呈上升趋势。在纤维含量为 0.6% 时，其损伤度曲线位于最下方，此时抗压强度最高，抵御干湿循环作用效果最好。并基于损伤试验数据，得到干湿循环次数及纤维含量影响的纤维加筋黄土干湿损伤度多变量预测模型。

（6）数字图像相关法试验结果表明纤维添加改变了试样的破坏特征，素黄土为典型的脆性破坏，而加筋土表现出明显的塑性破坏，在最优纤维含量时加筋土的表面变形更加均匀，塑性特性更强；纤维长度为 12mm 时加筋土抵抗变形能力优于 6mm 和 18mm；随着干湿循环次数的增加，加筋土由鼓胀破坏转变为压裂破坏，应变场最大应变值整体呈增大的趋势。

（7）基于扰动状态概念建立了适用于纤维加筋土的单轴应变软化本构模型。在分析纤维含量与本构模型参数之间的数学关系的基础上，提出了一个考虑纤维含量对加筋土加筋效果影响的扰动状态概念本构模型。采用提出的模型对 5 组不同纤维加筋土的单轴压缩试验进行了验证，本构模型的预测应力-应变曲线与试验曲线一致性较高。

（8）利用 ABAQUS 有限元软件对加筋土单轴压缩试验进行数值模拟，根据室内试验数据定义了不同工况下的软化参数，得到应力-应变曲线和最大主应变云图，与室内试验比对发现数值模拟误差在可控范围内，模拟效果较好。

6.1.2 玄武岩纤维加筋黄土单轴拉伸力学行为研究

（1）相比于未加筋黄土加筋黄土曲线的峰值应力及峰值应变均有一定程度的提升。素黄土在达到某一应变时发生脆性断裂。纤维加筋黄土出现了较长的峰后段曲线，且具有一定的残余强度，显现出明显的延性破坏特征。

（2）玄武岩纤维加筋黄土的抗拉强度随纤维含量及纤维长度的增加先增大后减小，纤维含量为 0.6%，纤维长度为 12mm 时的加筋效果最好。纤维加筋会提高黄土的破坏应变，破坏应变随纤维含量及纤维长度的变化趋势与加筋土抗拉强度的变化规律一致。

（3）DIC 技术可以精确反映试样断裂带的变形信息。加筋土表面应变场中的最大轴向应变随纤维含量及纤维长度的增加呈先减小后增大的变化趋势，其与加筋土抗拉强度及破坏应变随纤维含量及纤维长度变化呈相反的变化规律。在最优纤维含量及纤维长度时加筋土的变形更加均匀，试样的塑性更强。

（4）纤维加筋土的抗拉强度及抗压强度存在一定的比例关系，抗拉强度约等于抗压强度的 1/5。基于加筋土抗压强度与抗拉-抗压强度比建立的抗拉强度预测模型可以有效获取加筋土的单轴抗拉强度。

（5）干湿循环对纤维加筋黄土应力-应变曲线的形态无明显影响，均为应变软化型。随干湿循环次数增加，所有纤维含量试样的峰值应力与峰值应变均逐渐减小。素黄土无明显的峰后段曲线，试样发生脆性断裂，而纤维加筋黄土具有一定的残余强度，表现出明显的延性破坏特征。

（6）纤维加筋黄土的单轴抗拉强度随干湿循环次数增加逐渐减小，随纤维含量增加先增大后减小，纤维含量为 0.6%时的加筋效果最好。干湿损伤结果表明加筋土强度在干湿循环初期损伤较为明显，随干湿进行趋于稳定。纤维加筋试样的损伤明显小于未加筋试样，在最优纤维含量时干湿损伤最小。

（7）纤维加筋黄土的破坏应变随干湿循环次数的增加逐渐减小，随纤维含量的增加呈现先增大后减小的变化趋势，纤维含量为 0.6%时破坏应变最大。破坏应变随干湿循环次数及纤维含量的变化规律与单轴抗拉强度完全一致，表明加筋土的强度与其抗变形的能力直接相关。

（8）加筋土表面应变场中的最大轴向应变随干湿循环次数增加整体呈增大的趋势，随纤维含量增加呈先减小后增大的变化趋势，与加筋土的单轴抗拉强度及破坏应变呈相反的变化趋势。纤维加筋提高了黄土的塑性特性，加筋土的变形更加均匀。

6.1.3 玄武岩纤维加筋黄土三轴剪切力学行为研究

（1）纤维加筋黄土与素黄土的应力-应变曲线均为硬化型曲线。纤维加筋土的剪切强度随着纤维含量及纤维长度的增加先增大后减小，纤维含量为 0.6%、纤维长度为 12mm 时，玄武岩纤维加筋黄土的剪切强度最高。

（2）素黄土为典型的脆性破坏形式，素黄土和低纤维含量加筋土（低于 0.3%）大多沿着剪切破坏带发生剪切带破坏。而加筋土的破坏模式为塑性破坏，试样变形和应变发展均比较均匀协调，破坏形式为整体鼓胀破坏。随着纤维含量和纤维长度的增加土样破坏形式逐渐由剪切带破坏向鼓胀破坏形式转变。

（3）纤维的添加可以提高土体的粘聚力和内摩擦角。土样的粘聚力随着纤维长度和纤维含量的增加先增大后减小，纤维长度为 12mm 含量为 0.6％时试样的粘聚力最大。内摩擦角受纤维添加的影响较小。

（4）加筋系数随着纤维含量及纤维长度的增加呈现先增加后减小的趋势。通过对比剪切强度和加筋系数，可以发现虽然加筋土的强度随着围压的增大而增加，但加筋系数随着围压增加呈逐渐降低的趋势，且 50kPa 到 100kPa 降低最明显。

（5）随着纤维含量及纤维长度的增加，加筋土试样轴向应变为 20％时的体应变逐渐减小，试样由剪缩向剪胀发生转变。加筋土的破坏模式由素黄土的脆性剪切带破坏转变为塑性鼓胀破坏。

（6）SEM 扫描试验结果表明纤维含量较低时纤维在土中分布均匀，而纤维含量较高时纤维的有序分布明显增加，土颗粒间的相互胶结作用降低；随着纤维长度增加，纤维容易出现弯曲以及纠缠打结的现象，纤维的抗拉强度不能有效发挥。

（7）双曲线型模型更适合纤维加筋土复杂应力状态下破坏强度判断。以素黄土指标为基础，根据纤维加筋土指标拟合得到的双曲线联合强度理论模型可以很好地反映纤维加筋土的复杂应力状态。

（8）基于 Weibull 概率密度函数以及 Lemaitre 提出的应变等效假设，采用 Drucker-Prager 强度准则反映荷载所致的土体结构损伤，建立了纤维加筋黄土的统计损伤本构模型。误差分析结果表明该模型可以很好地反映纤维加筋黄土应力-应变曲线的变化过程。

6.1.4　干湿循环作用下玄武岩纤维加筋黄土三轴剪切力学行为研究

（1）素黄土的破坏模式为脆性剪切带破坏，纤维加筋提高了黄土的塑性特征，随着纤维含量的增加塑性特征越明显，其破坏模式为鼓胀破坏；加筋土随着干湿循环次数的增加塑性特征逐渐衰减，在干湿循环 5 次后又退回为脆性剪切带破坏。

（2）经历干湿循环之后素黄土和纤维加筋土的应力-应变曲线均为应变硬化型，但是随着干湿循环次数的增加，曲线硬化的趋势减弱，逐渐由强硬化型转化为弱硬化型。

（3）纤维加筋黄土和素黄土在经历干湿循环之后强度均出现衰减，干湿循环作用使试样内部经历了含水到无水的过程，这样就会使试样内部产生裂隙，随着干湿循环次数的增加裂隙会进一步发展。在前期的干湿过程中（0～2 次）强度的损失最为严重，对比纤维土和素黄土，发现素黄土强度损失更为显著，说明添加玄武岩纤维可以抵御干湿循环作用。

（4）干湿循环作用会使得粘聚力降低，且 0 次到 1 次循环粘聚力降低最明显，相同干湿循环次数下随着纤维掺量的增加粘聚力先增加后减小。内摩擦角随着干湿循环次数的增加呈现微弱降低的趋势，随纤维掺量增加呈先增加后减小的趋势，但是幅度很小。

（5）干湿损伤度随着干湿循环次数增加而增大，且前期干湿循环损伤系数增速要比后期大；对比素黄土和加筋土可发现素黄土损伤系数大于加筋土，即加入纤维可以抑制干湿劣化效应，但存在最佳纤维配比为 0.6％。

（6）添加玄武岩纤维可以有效抑制黄土表观裂纹的发展，表观裂纹的扩展规律与加筋土强度衰减的规律基本一致，即前 2 次干湿循环对于加筋土的影响最为明显，在第 5 次干湿循环之后裂隙基本趋于稳定。

（7）扫描电镜结果表明干湿循环破坏了素黄土土颗粒及其团聚体的微观结构，产生了明显的微裂纹；纤维加筋黄土在干湿循环作用下，微观结构变化主要发生在土与纤维界面处，纤维网络是干湿循环后加筋土强度高于素黄土的主要原因。

（8）CT扫描试验表明纤维添加降低了干湿循环作用对于黄土细观结构的劣化损伤，抑制了微裂纹的产生。CT数ME值、SD值变化曲线表明前2次干湿循环对于加筋土细观结构的影响较大，在干湿循环后期加筋土的劣化损伤逐渐减小并趋于稳定。

（9）建立的考虑干湿循环效应的统一双曲线联合强度理论模型可以很好地反映纤维加筋黄土在干湿循环效应下的抗拉和抗剪强度特性。误差分析结果表明该模型可以很好地反映干湿循环效应下纤维加筋土的剪切强度特性。

（10）构建了干湿循环效应下玄武岩纤维加筋黄土的统计损伤本构模型，可较好预测纤维加筋黄土干湿循环过程的三轴剪切应力-应变关系及破坏偏应力。

6.2 展望

本书针对西北地区黄土欠压密、大孔隙、垂直节理发育、工程特性相对较弱等特点，通过开展干湿循环试验、数字图像试验、力学行为试验等深入探讨了干湿循环作用下纤维加筋黄土的强度、破坏模式及表面变形规律，通过表观裂隙识别、微细观扫描试验对加筋黄土的改良机理及干湿强度劣化机理进行了深入探讨。但由于时间精力有限，尚有诸多内容需要完善，下一步拟开展以下方面的研究工作：

（1）本书重点对纤维加筋改良黄土作用机理及干湿循环作用下纤维加筋黄土强度劣化机理开展了大量研究工作。下一步研究过程中拟对纤维加筋黄土的水稳特性开展系统、深入的研究工作，进一步深入探究和揭示纤维加筋抑制黄土边坡崩塌、路基变形等灾害发生的力学机制。

（2）本书针对纤维加筋抑制干湿循环作用下黄土强度劣化主要开展了室内土工试验。后续研究工作拟重点开展纤维加筋黄土加固边坡或路基的现场调查和监测分析，结合现场监测数据，以期为黄土高原地区边坡崩塌、路基变形等灾害的防灾减灾提供相关依据和参考。

参考文献

[1] 曹伯勋. 地貌学及第四纪地质学 [M]. 北京：中国地质大学出版社，1995.

[2] 王永焱. 黄土与第四纪地质 [M]. 西安：陕西人民出版社，1982.

[3] 刘东生. 黄土与环境 [M]. 北京：科学出版社，1985.

[4] 张宗祜. 中国黄土 [M]. 北京：地质出版社，1989.

[5] 刘祖典. 黄土力学与工程 [M]. 西安：陕西科学技术出版社，1997.

[6] Wang X, Jiao F, Li X, et al. The Loess Plateau [M] //Zhang L, Schwärzel K. Multifunctional Land-Use Systems for Managing the Nexus of Environmental Resources. Cham; Springer International Publishing. 2017：11-27.

[7] 孙广忠. 西北黄土的工程地质力学特性及地质工程问题研究 [M]. 兰州：兰州大学出版社，1989.

[8] 王永焱. 中国黄土的结构特征及物理力学性质 [M]. 北京：科学出版社，1990.

[9] 张丽萍，张兴昌，孙强. EN-1 固化剂加固黄土的工程特性及其影响因素 [J]. 中国水土保持科学，2009，7 (4)：60-65.

[10] 董超凡，林城，张吾渝，等. 寒旱区木质素纤维改良黄土的热学与力学性质研究 [J]. 干旱区资源与环境，2022，36 (5)：119-126.

[11] 安宁，晏长根，王亚冲，等. 聚丙烯纤维加筋黄土抗侵蚀性能试验研究 [J]. 岩土力学，2021，42 (2)：501-510.

[12] 许书雅，王平，钟秀梅，等. 强震作用下抗震陷黄土改良地基的微观特征分析 [J]. 地震工程学报，2019，41 (3)：724-730.

[13] 祁晓强，袁可佳，蔡露瑶，等. 水泥改良黄土抗冲刷性能影响因素研究 [J]. 硅酸盐通报，2021，40 (7)：2418-2427.

[14] 王旭朝. 纤维复合固化黄土的力学性质及在边坡工程中的应用 [D]. 西安：西安建筑科技大学，2019.

[15] 王银梅，杨重存，谌文武，等. 新型高分子材料 SH 加固黄土强度及机理探讨 [J]. 岩石力学与工程学报，2005，(14)：2554-2559.

[16] 陈群，朱分清，何昌荣. 加筋土本构模型研究进展 [J]. 岩土工程技术，2003，(6)：360-363.

[17] 吴雄志，赵乃茹. 加筋土强度模型与应力-应变特性研究 [J]. 岩土工程学报，1992，(S1)：80-87.

[18] 吴继玲，张小平. 聚丙烯纤维加筋膨胀土强度试验研究 [J]. 土工基础，2010，24 (6)：71-73＋76.

[19] 王德银，唐朝生，李建，等. 纤维加筋非饱和黏性土的剪切强度特性 [J]. 岩土工程学报，2013，35 (10)：1933-1940.

[20] 陆叶. 纤维加筋石灰固化非饱和黏性土的力学特性试验研究 [D]. 南京：南京大学，2014.

[21] 张军. 纤维加筋土的强度试验研究 [D]. 西安：长安大学，2014.

[22] 刘宝生，唐朝生，李建，等. 纤维加筋土工程性质研究进展 [J]. 工程地质学报，2013，21 (4)：540-547.

[23] 介玉新，李广信，陈轮. 纤维加筋土和素土边坡的离心模型试验研究 [J]. 岩土工程学报，1998，(4)：15-18.

[24] 李金和，郝建斌，陈文玲. 纤维加筋土技术国内外研究进展 [J]. 世界科技研究与发展，2015，37

（3）：319-325.

[25] 唐朝生，施斌，顾凯. 纤维加筋土中筋/土界面相互作用的微观研究 [J]. 工程地质学报，2011，19（4）：610-614.

[26] 李广信，陈轮，郑继勤，介玉新. 纤维加筋粘性土的试验研究 [J]. 水利学报，1995，（6）：31-36.

[27] 王飞，李国玉，穆彦虎，等. 干湿循环作用下压实黄土湿陷特性试验研究 [J]. 冰川冻土，2016，38（2）：416-423.

[28] 刘保健，支喜兰，谢永利，等. 公路工程中黄土湿陷性问题分析 [J]. 中国公路学报，2005，（4）：27-31.

[29] 刘海松，倪万魁，颜斌，等. 黄土结构强度与湿陷性的关系初探 [J]. 岩土力学，2008，（3）：722-726.

[30] 姚志华，黄雪峰，陈正汉，等. 兰州地区大厚度自重湿陷性黄土场地浸水试验综合观测研究 [J]. 岩土工程学报，2012，34（1）：65-74.

[31] 刘奉银，张昭，周冬. 湿度和密度双变化条件下的非饱和黄土渗气渗水函数 [J]. 岩石力学与工程学报，2010，29（9）：1907-1914.

[32] 张茂花. 湿陷性黄土增（减）湿变形性状试验研究 [D]. 西安：长安大学，2002.

[33] 胡再强，沈珠江，谢定义. 非饱和黄土的结构性研究 [J]. 岩石力学与工程学报，2000，（6）：775-779.

[34] 扈胜霞，周云东，陈正汉. 非饱和原状黄土强度特性的试验研究 [J]. 岩土力学，2005，（4）：660-663＋672.

[35] 李振朝，韦志刚，文军，等. 近50年黄土高原气候变化特征分析 [J]. 干旱区资源与环境，2008，（3）：57-62.

[36] 刘宏泰，张爱军，段涛，等. 干湿循环对重塑黄土强度和渗透性的影响 [J]. 水利水运工程学报，2010，（4）：38-42.

[37] 段涛. 干湿循环情况下黄土强度劣化特性研究 [D]. 咸阳：西北农林科技大学，2009.

[38] 袁志辉. 干湿循环下黄土的强度及微结构变化机理研究 [D]. 西安：长安大学，2015.

[39] 袁志辉，倪万魁，唐春，等. 干湿循环下黄土强度衰减与结构强度试验研究 [J]. 岩土力学，2017，38（7）：1894-1902＋1942.

[40] 王铁行，郝延周，汪朝，等. 干湿循环作用下压实黄土动强度性质试验研究 [J]. 岩石力学与工程学报，2020，39（6）：1242-1251.

[41] Tang C S, Shi B, Zhao L Z. Interfacial shear strength of fiber reinforced soil [J]. Geotextiles & Geomembranes, 2010, 28 (1)：54-62.

[42] Gray D H, Ohashi H. Mechanics of Fiber Reinforcement in Sand [J]. Journal of Geotechnical Engineering, 1983, 109 (3)：335-353.

[43] Maher M H, Woods R D. Dynamic Response of Sand Reinforced with Randomly Distributed Fibers [J]. Journal of Geotechnical Engineering, 1990, 116 (7)：1116-1131.

[44] Yetimoglu T, Salbas O. A study on shear strength of sands reinforced with randomly distributed discrete fibers [J]. Geotextiles & Geomembranes, 2003, 21 (2)：103-110.

[45] Heineck K S, Coop M R, Consoli N C. Effect of Microreinforcement of Soils from Very Small to Large Shear Strains [J]. 2005, 131 (8)：1024-1033.

[46] Tran K Q, Satomi T, Takahashi H. Improvement of mechanical behavior of cemented soil reinforced with waste cornsilk fibers [J]. Construction & Building Materials, 2018, 178：204-210.

[47] Abou Diab A, Najjar S S, Sadek S, et al. Effect of compaction method on the undrained strength of fiber-reinforced clay [J]. SOILS AND FOUNDATIONS, 2018, 58 (2)：462-480.

［48］ Santoni R L，Tingle J S，Webster S L. Engineering Properties of Sand-Fiber Mixtures for Road Con-struction ［J］. Journal of Geotechnical and Geoenvironmental Engineering，2001，127（3）：258-268.

［49］ Park T，Tan S A. Enhanced performance of reinforced soil walls by the inclusion of short fiber ［J］. Geotextiles and Geomembranes，2005，23（4）：348-361.

［50］ Rabab'ah S，Al Hattamleh O，Aldeeky H，et al. Effect of glass fiber on the properties of expansive soil and its utilization as subgrade reinforcement in pavement applications ［J］. Case Studies in Con-struction Materials，2021，14：e00485.

［51］ American Association of State Highway Transportation Officials（AASHTO）. Mechanistic-empirical pavement design guide：a manual of practice ［M］. Washington，DC：AASHTO Designation：MEPDG-1，2020.

［52］ Hejazi S M，Sheikhzadeh M，Abtahi S M，et al. A simple review of soil reinforcement by using natu-ral and synthetic fibers ［J］. Construction and Building Materials，2012，30：100-116.

［53］ 介玉新，李广信. 纤维加筋粘性土边坡的模型试验和计算分析 ［J］. 清华大学学报（自然科学版），1999，（11）：25-28.

［54］ 张小江，周克骥，周景星. 纤维加筋土的动力特性试验研究 ［J］. 岩土工程学报，1998，（3）：45-49.

［55］ 唐朝生，施斌，蔡奕，等. 聚丙烯纤维加固软土的试验研究 ［J］. 岩土力学，2007，（9）：1796-1800.

［56］ Ma Q，Yang Y，Xiao H，et al. Studying Shear Performance of Flax Fiber-Reinforced Clay by Triaxi-al Test ［J］. Advances in Civil Engineering，2018，1290572.

［57］ 施利国，张孟喜，曹鹏. 聚丙烯纤维加筋灰土的三轴强度特性 ［J］. 岩土力学，2011，32（9）：2721-2728.

［58］ 张丹，许强，郭莹. 玄武岩纤维加筋膨胀土的强度与干缩变形特性试验 ［J］. 东南大学学报（自然科学版），2012，42（5）：975-980.

［59］ 王宏胜，王鹏，唐朝生，等. 纤维加筋市政污泥剪切强度试验研究 ［J］. 高校地质学报，2018，24（4）：613-618.

［60］ 张艳美，张旭东，张鸿儒. 土工合成纤维土补强机理试验研究及工程应用 ［J］. 岩土力学，2005，（8）：1323-1326.

［61］ 谢约翰，唐朝生，尹黎阳，等. 纤维加筋微生物固化砂土的力学特性 ［J］. 岩土工程学报，2019，41（4）：675-682.

［62］ 郑俊杰，宋杨，赖汉江，等. 微生物固化纤维加筋砂土抗剪强度试验研究 ［J］. 土木与环境工程学报（中英文），2019，41（1）：15-21.

［63］ 郑俊杰，宋杨，吴超传，等. 玄武岩纤维加筋微生物固化砂力学特性试验 ［J］. 华中科技大学学报（自然科学版），2019，47（12）：73-78.

［64］ Lian B Q，Peng J B，Zhan H B，et al. Effect of randomly distributed fibre on triaxial shear behavior of loess ［J］. BULLETIN OF ENGINEERING GEOLOGY AND THE ENVIRONMENT，2020，79（3）：1555-1563.

［65］ Xue Z F，Cheng W C，Wang L，et al. Improvement of the Shearing Behaviour of Loess Using Recy-cled Straw Fiber Reinforcement ［J］. KSCE JOURNAL OF CIVIL ENGINEERING，2021，25（9）：3319-3335.

［66］ 杜伟飞，刘争宏，沈云霞，等. 聚丙烯纤维优化黄土改良土力学性能研究 ［J］. 工程勘察，2014，42（11）：12-16＋28.

[67] 刘羽健，姚志华，王天. 纤维加筋固化黄土的抗拉强度及加筋机理 [J]. 交通科技，2017，（2）：103-106.

[68] 王天，翁兴中，张俊，等. 纤维加筋固化黄土浸水强度试验研究 [J]. 材料导报，2015，29（20）：125-129＋139.

[69] 褚峰，张宏刚，邵生俊，等. 人工合成类废布料纤维纱加筋黄土力学变形性质及抗溅蚀特性试验研究 [J]. 岩土力学，2020，41（S1）：394-403.

[70] 褚峰，罗静波，邓国华，等. 纤维纱加筋黄土动力变形动强度及震陷特性试验研究 [J]. 岩石力学与工程学报，2020，39（1）：177-190.

[71] 褚峰，邵生俊，邓国华，等. 纤维纱加筋黄土一维蠕变特性试验研究 [J]. 岩石力学与工程学报，2022，41（5）：1054-1066.

[72] 卢浩，晏长根，贾卓龙，等. 聚丙烯纤维加筋黄土的抗剪强度和崩解特性 [J]. 交通运输工程学报，2021，21（2）：82-92.

[73] Tang C，Shi B，Gao W，et al. Strength and mechanical behavior of short polypropylene fiber reinforced and cement stabilized clayey soil [J]. Geotextiles and Geomembranes，2007，25（3）：194-202.

[74] Freilich B J，Li C，Zornberg J G. Effective shear strength of fiber-reinforced clays [C]. Proceedings of the 9th International Conference on Geosynthetics-Geosynthetics：Advanced Solutions for a Chanllenging World，2010.

[75] Olgun M. Effects of polypropylene fiber inclusion on the strength and volume change characteristics of cement-fly ash stabilized clay soil [J]. GEOSYNTHETICS INTERNATIONAL，2013，20（4）：263-275.

[76] Patel S K，Singh B. Strength and Deformation Behavior of Fiber-Reinforced Cohesive Soil Under Varying Moisture and Compaction States [J]. Geotechnical and Geological Engineering，2017.

[77] Cristelo N，Cunha V M C F，Dias M，et al. Influence of discrete fibre reinforcement on the uniaxial compression response and seismic wave velocity of a cement-stabilised sandy-clay [J]. Geotextiles & Geomembranes，2015，43（1）：1-13.

[78] Al Hattamleh O，Rababah S，Alawneh A，et al. Verification of unified effective stress theory based on the effect of moisture on mechanical properties of fiber reinforced unsaturated soil [J]. Geotextiles and Geomembranes，2021，49（4）：976-990.

[79] 吴继玲. 加筋纤维膨胀土强度与变形特性研究 [D]. 南京：南京航空航天大学，2010.

[80] 吕超，马晓凡，王颖. 基于核磁共振与无侧限抗压试验对纤维加固红黏土的宏微观特性研究 [J]. 铁道科学与工程学报，2021，18（8）：2066-2072.

[81] Zaimoglu A S. Freezing-thawing behavior of fine-grained soils reinforced with polypropylene fibers [J]. Cold Regions Science and Technology，2010，60（1）：63-65.

[82] Kravchenko E，Liu J，Niu W，et al. Performance of clay soil reinforced with fibers subjected to freeze-thaw cycles [J]. COLD REGIONS SCIENCE AND TECHNOLOGY，2018，153：18-24.

[83] Orakoglu M E，Liu J，Lin R，et al. Performance of Clay Soil Reinforced with Fly Ash and Lignin Fiber Subjected to Freeze-Thaw Cycles [J]. Journal of Cold Regions Engineering，2017，31（4）：04017013.

[84] Orakoglu M E，Liu J K，Niu F J. Dynamic behavior of fiber-reinforced soil under freeze-thaw cycles [J]. SOIL DYNAMICS AND EARTHQUAKE ENGINEERING，2017，101：269-284.

[85] Gao Z N，Zhong X M，Wang Q，et al. The Influence of Freeze-Thaw Cycles on Unconfined Compressive Strength of Lignin Fiber-Reinforced Loess [J]. JOURNAL OF RENEWABLE MATERI-

ALS，2022，10（4）：1063-1080.

［86］Gao Z N，Zhong X M，Ma H P，et al. Effect of Freeze-Thaw Cycles on Shear Strength Properties of Loess Reinforced with Lignin Fiber ［J］. GEOFLUIDS，2022，8685553.

［87］Li Y，Ling X Z，Su L，et al. Tensile strength of fiber reinforced soil under freeze-thaw condition ［J］. COLD REGIONS SCIENCE AND TECHNOLOGY，2018，146：53-59.

［88］Liu C，Lv Y，Yu X，et al. Effects of freeze-thaw cycles on the unconfined compressive strength of straw fiber-reinforced soil ［J］. GEOTEXTILES AND GEOMEMBRANES，2020，48（4）：581-590.

［89］Kou H L，Liu J H，Guo W，et al. Effect of freeze-thaw cycles on strength and ductility and microstructure of cement-treated silt with polypropylene fiber ［J］. ACTA GEOTECHNICA，2021，16（11）：3555-3572.

［90］Gong Y F，He Y L，Han C P，et al. Stability Analysis of Soil Embankment Slope Reinforced with Polypropylene Fiber under Freeze-Thaw Cycles ［J］. ADVANCES IN MATERIALS SCIENCE AND ENGINEERING，2019，5725708.

［91］郎海鹏. 冻融条件下纤维改良土的力学特性试验研究 ［D］. 石家庄：石家庄铁道大学，2017.

［92］韩春鹏，唐浩桐，程培峰，等. 冻融作用下纤维加筋土的抗剪强度试验研究 ［J］. 公路，2015，60（5）：166-170.

［93］王剑烨. 玄武岩与玉米秸秆纤维加筋土力学性能及其在边坡中的应用研究 ［D］. 北京：北京建筑大学，2016.

［94］田家忆. 冻融作用下纤维土力学特性及加筋机理分析 ［D］. 哈尔滨：东北林业大学，2019.

［95］闫宁霞，汪金龙. 纤维加筋固化土抗冻性能试验研究 ［J］. 干旱地区农业研究，2013，31（6）：90-94.

［96］魏丽. 纤维与石灰加筋固化滨海盐渍土的冻融损伤及力学性能退化研究 ［D］. 兰州：兰州大学，2021.

［97］Estabragh A R，Namdar P，Javadi A A. Behavior of cement-stabilized clay reinforced with nylon fiber ［J］. GEOSYNTHETICS INTERNATIONAL，2012，19（1）：85-92.

［98］Xiao Y，Tong L，Che H，et al. Experimental studies on compressive and tensile strength of cement-stabilized soil reinforced with rice husks and polypropylene fibers ［J］. CONSTRUCTION AND BUILDING MATERIALS，2022，344：128242.

［99］Okonta F N，Nxumalo S P. Strength properties of lime stabilized and fibre reinforced residual soil ［J］. GEOMECHANICS AND ENGINEERING，2022，28（1）：35-48.

［100］Ma Q，Wu N Z，Xiao H L，et al. Effect of Bermuda grass root on mechanical properties of soil under dry-wet cycles ［J］. BULLETIN OF ENGINEERING GEOLOGY AND THE ENVIRONMENT，2021，80（9）：7083-7097.

［101］Ma Q，Li Z，Xiao H L，et al. Mechanical properties of clay reinforced with Bermuda grass root under drying-wetting cycles ［J］. ENVIRONMENTAL EARTH SCIENCES，2021，80（1）：1-10.

［102］Jalali J，Noorzad R. Discrete fiber reinforcement efficiency in the mechanical properties and wet-dry performance of fat clay treated with industrial sewage sludge ash ［J］. CONSTRUCTION AND BUILDING MATERIALS，2021，284：122739.

［103］Roshan K，Choobbasti A J，Kutanaei S S. Evaluation of the impact of fiber reinforcement on the durability of lignosulfonate stabilized clayey sand under wet-dry condition ［J］. TRANSPORTATION GEOTECHNICS，2020，23：100359.

［104］Huang Z，Sun H Y，Dai Y M，et al. A study on the shear strength and dry-wet cracking behaviour of waste fibre-reinforced expansive soil [J]. CASE STUDIES IN CONSTRUCTION MATERIALS, 2022, 16: e01142.

[105] Yan C G, An N, Wang Y C, et al. Effect of Dry-Wet Cycles and Freeze-Thaw Cycles on the Antierosion Ability of Fiber-Reinforced Loess [J]. ADVANCES IN MATERIALS SCIENCE AND ENGINEERING, 2021, 8834598.

[106] 顾欣, 徐洪钟. 干湿循环作用下纤维加筋膨胀土的裂隙及强度特性研究 [J]. 南京工业大学学报 (自然科学版), 2016, 38 (3): 81-86.

[107] 王天, 翁兴中, 张俊, 等. 干湿循环条件下复合固化砂土抗压强度试验研究 [J]. 铁道科学与工程学报, 2017, 14 (4): 721-729.

[108] 周世宗. 聚丙烯纤维加筋水泥土的强度特性试验研究 [D]. 广州: 广东工业大学, 2017.

[109] 韩春鹏, 田家忆, 张建, 等. 干湿循环下纤维加筋膨胀土裂隙特性分析 [J]. 吉林大学学报 (工学版), 2019, 49 (2): 392-400.

[110] Tang Z, Liang J, Xiao Z, et al. Digital image correlation system for three-dimensional deformation measurement [J]. Optics and Precision Engineering, 2010, 18 (10): 2244-2253.

[111] Sutton M A, Hild F. Recent Advances and Perspectives in Digital Image Correlation [J]. EXPERIMENTAL MECHANICS, 2015, 55 (1): 1-8.

[112] Bing P A N, Huimin X I E, Yanjie L I. Three-dimensional Digital Image Correlation Method for Shape and Deformation Measurement of an Object Surface [J]. Journal of Experimental Mechanics, 2007, 22 (6): 556-567.

[113] Zhang B, Chen Y, Wei J, et al. 3D digital image correlation method and its application in evaluating the volumetric deformation of cement-based materials [J]. Journal of Chinese Electronic Microscopy Society, 2015, 34 (6): 521-529.

[114] Zeng X, Liu C, Ma S. Measurement of Dynamic Three-Dimensional Deformation of Structures Using High-Speed 3-D Digital Image Correlation System [J]. Transactions of Beijing Institute of Technology, 2012, 32 (4): 364-369.

[115] Yuan Y, Sun Z, Wang X, et al. Stress Measurement Technology Based on 3D Digital Image Correlation Method [J]. Journal of Astronautic Metrology and Measurement, 2020, 40 (6): 31-36.

[116] Sun W, He X, Quan C, et al. Three-Dimensional Rigid Body Displacement Measurement Based on Digital Image Correlation [J]. Acta Optica Sinica, 2008, 28 (5): 894-901.

[117] Take W A. Thirty-Sixth Canadian Geotechnical Colloquium: Advances in visualization of geotechnical processes through digital image correlation [J]. CANADIAN GEOTECHNICAL JOURNAL, 2015, 52 (9): 1199-1220.

[118] Vitone C, Viggiani G, Cotecchia F, et al. Localized deformation in intensely fissured clays studied by 2D digital image correlation [J]. ACTA GEOTECHNICA, 2013, 8 (3): 247-263.

[119] El Hajjar A, Ouahbi T, Eid J, et al. Shrinkage cracking of unsaturated fine soils: New experimental device and measurement techniques [J]. STRAIN, 2020, 56 (6): e12352.

[120] 林銮, 唐朝生, 程青, 等. 基于数字图像相关技术的土体干缩开裂过程研究 [J]. 岩土工程学报, 2019, 41 (7): 1311-1318.

[121] 王鹏鹏, 郭晓霞, 桑勇, 等. 基于数字图像相关技术的砂土全场变形测量及其 DEM 数值模拟 [J]. 工程力学, 2020, 37 (1): 239-247.

[122] Medina-Cetina Z, Rechenmacher A. Influence of boundary conditions, specimen geometry and material heterogeneity on model calibration from triaxial tests [J]. International Journal for Numerical and Analytical Methods in Geomechanics, 2010, 34 (6): 627-643.

[123] Bhandari A R，Powrie W，Harkness R M. A Digital Image-Based Deformation Measurement System for Triaxial Tests [J]. GEOTECHNICAL TESTING JOURNAL，2012，35（2）：209-226.

[124] Zeng F，Shao L. Unloading Elastic Behavior of Sand in Cyclic Triaxial Tests [J]. GEOTECHNICAL TESTING JOURNAL，2016，39（3）：462-475.

[125] Shao L T，Liu G，Zeng F T，et al. Recognition of the Stress-Strain Curve Based on the Local Deformation Measurement of Soil Specimens in the Triaxial Test [J]. GEOTECHNICAL TESTING JOURNAL，2016，39（4）：658-672.

[126] Wang P P，Sang Y，Guo X X，et al. A novel optical method for measuring 3D full-field strain deformation in geotechnical tri-axial testing [J]. MEASUREMENT SCIENCE AND TECHNOLOGY，2020，31（1）：015403.

[127] Zhang X，Li L，Chen G，et al. A photogrammetry-based method to measure total and local volume changes of unsaturated soils during triaxial testing [J]. ACTA GEOTECHNICA，2015，10（1）：55-82.

[128] 邵龙潭，孙益振，王助贫，等. 数字图像测量技术在土工三轴试验中的应用研究 [J]. 岩土力学，2006，（1）：29-34.

[129] 邵龙潭，郭晓霞，刘港，等. 数字图像测量技术在土工三轴试验中的应用 [J]. 岩土力学，2015，36（S1）：669-684.

[130] 刘港，郭晓霞，邵龙潭. 三轴试验土样剪切破坏过程的判别 [J]. 实验力学，2015，30（6）：708-716.

[131] 董建军，邵龙潭，刘永禄，等. 基于图像测量方法的非饱和压实土三轴试样变形测量 [J]. 岩土力学，2008，（6）：1618-1622.

[132] 赵博雅，邵龙潭，孙翔，等. 基于数字图像测量技术的尾粉砂动三轴试验研究 [J]. 实验力学，2018，33（2）：175-182.

[133] Divya P V，Viswanadham B V S，Gourc J P. Evaluation of Tensile Strength-Strain Characteristics of Fiber-Reinforced Soil through Laboratory Tests [J]. JOURNAL OF MATERIALS IN CIVIL ENGINEERING，2014，26（1）：14-23.

[134] Faghih K F，Kabir M Z. The effectiveness of rubber short fibers reinforcing on mechanical characterization of clay adobe elements under static loading [J]. EUROPEAN JOURNAL OF ENVIRONMENTAL AND CIVIL ENGINEERING，2022，26（6）：2088-2119.

[135] El Hajjar A，Ouahbi T，Taibi S，et al. Assessing crack initiation and propagation in flax fiber reinforced clay subjected to desiccation [J]. Construction and Building Materials，2021，278：122392.

[136] Zhang Z-L，Cui Z-D. Effects of freezing-thawing and cyclic loading on pore size distribution of silty clay by mercury intrusion porosimetry [J]. COLD REGIONS SCIENCE AND TECHNOLOGY，2018，145：185-196.

[137] Liu Z，Liu F，Ma F，et al. Collapsibility，composition，and microstructure of loess in China [J]. CANADIAN GEOTECHNICAL JOURNAL，2016，53（4）：673-686.

[138] Shao X，Zhang H，Tan Y. Collapse behavior and microstructural alteration of remolded loess under graded wetting tests [J]. ENGINEERING GEOLOGY，2018，233：11-22.

[139] Chen S，Ma W，Li G. Study on the mesostructural evolution mechanism of compacted loess subjected to various weathering actions [J]. COLD REGIONS SCIENCE AND TECHNOLOGY，2019，167：102846.

[140] 王生新，韩文峰，谌文武，等. 冲击压实路基黄土的微观特征研究 [J]. 岩土力学，2006，（6）：939-944.

[141] 吴朱敏，吕擎峰，王生新．复合改性水玻璃加固黄土微观特征研究 [J]．岩土力学，2016，37 (S2)：301-308.

[142] 张玉伟．黄土地层浸水对地铁隧道结构受力性状的影响研究 [D]．西安：长安大学，2017.

[143] 高英，马艳霞，张吾渝，等．西宁地区不同湿陷程度黄土的微观结构分析 [J]．长沙理工大学学报（自然科学版），2020，17 (1)：65-73.

[144] 井彦林，王昊，陶春亮，等．非饱和黄土的接触角与孔隙特征试验 [J]．煤田地质与勘探，2019，47 (5)：157-162.

[145] Jing Y, Zhang Z, Tian W, et al. Experimental study on contact angle and pore characteristics of compacted loess [J]. ARABIAN JOURNAL OF GEOSCIENCES, 2020, 13: 103.

[146] Zhang L, Qi S, Ma L, et al. Three-dimensional pore characterization of intact loess and compacted loess with micron scale computed tomography and mercury intrusion porosimetry [J]. SCIENTIFIC REPORTS, 2020, 10: 8511.

[147] Jiang M, Zhang F, Hu H, et al. Structural characterization of natural loess and remolded loess under triaxial tests [J]. ENGINEERING GEOLOGY, 2014, 181: 249-260.

[148] 蒋明镜，胡海军，彭建兵，等．应力路径试验前后黄土孔隙变化及与力学特性的联系 [J]．岩土工程学报，2012，34 (8)：1369-1378.

[149] 胡海军，蒋明镜，彭建兵，等．应力路径试验前后不同黄土的孔隙分形特征 [J]．岩土力学，2014，35 (9)：2479-2485.

[150] 孔金鹏，胡海军，樊恒辉．压缩过程中饱和原状和饱和重塑黄土孔隙分布变化特征 [J]．地震工程学报，2016，38 (6)：903-908.

[151] 李同录，范江文，习羽，等．击实黄土孔隙结构对土水特征的影响分析 [J]．工程地质学报，2019，27 (5)：1019-1026.

[152] 李华，李同录，张亚国，等．不同干密度压实黄土的非饱和渗透性曲线特征及其与孔隙分布的关系 [J]．水利学报，2020，51 (8)：979-986.

[153] Li H, Li T-l, Li P, et al. Prediction of loess soil-water characteristic curve by mercury intrusion porosimetry [J]. JOURNAL OF MOUNTAIN SCIENCE, 2020, 17 (9): 2203-2213.

[154] Xie X, Li P, Hou X, et al. Microstructure of Compacted Loess and Its Influence on the Soil-Water Characteristic Curve [J]. ADVANCES IN MATERIALS SCIENCE AND ENGINEERING, 2020, 3402607.

[155] 崔德山，项伟，陈琼，等．真空冷冻干燥和烘干对滑带土孔隙特征的影响试验 [J]．地球科学（中国地质大学学报），2014，39 (10)：1531-1537.

[156] 彭建兵，杜东菊，张骏，等．渭河盆地黄土中活断层破碎物的 SEM 形貌特征 [J]．水文地质工程地质，1992，(2)：49-50＋2.

[157] 宋菲．扫描电子显微镜及能谱分析技术在黄土微结构研究上的应用 [J]．沈阳农业大学学报，2004，(3)：216-219.

[158] Cai J, Dong B Y. Micro-Structure Study on Collapsibility Loess with SEM Method [J]. Applied Mechanics and Materials, 2011, 52-54: 1279-1283.

[159] 郭泽泽，李喜安，陈阳，等．基于 SEM-EDS 的湿陷性黄土黏土矿物定量分析 [J]．工程地质学报，2016，24 (5)：899-906.

[160] 刘博诗，张延杰，王旭，等．人工制备湿陷性黄土微观结构分析 [J]．工程地质学报，2016，24 (6)：1240-1246.

[161] 张泽林，吴树仁，唐辉明，等．黄土和泥岩的动力学特性及微观损伤效应 [J]．岩石力学与工程学报，2017，36 (5)：1256-1268.

［162］Li P，Xie W，Pak R Y S，et al. Microstructural evolution of loess soils from the Loess Plateau of China ［J］. CATENA，2019，173：276-288.

［163］Zhang W，Sun Y，Chen W，et al. Collapsibility，composition，and microfabric of the coastal zone loess around the Bohai Sea，China ［J］. ENGINEERING GEOLOGY，2019，257：105142.

［164］贾栋钦，裴向军，张晓超，等．改性糯米灰浆固化黄土的微观机理试验研究 ［J］. 水文地质工程地质，2019，46（6）：90-96.

［165］Cheng Q，Zhou C，Ng C W W，et al. Effects of soil structure on thermal softening of yield stress ［J］. ENGINEERING GEOLOGY，2020，269：105544.

［166］谷天峰，王家鼎，郭乐，等．基于图像处理的 Q_3 黄土的微观结构变化研究 ［J］. 岩石力学与工程学报，2011，30（S1）：3185-3192.

［167］唐东旗，彭建兵，黄强兵．非饱和黄土微观结构与黄土滑坡 ［J］. 防灾减灾工程学报，2012，32（4）：509-513.

［168］王家鼎，袁中夏，任权．高速铁路地基黄土液化前后微观结构变化研究 ［J］. 西北大学学报（自然科学版），2009，39（3）：480-483.

［169］吴旭阳，梁庆国，牛富俊，等．宝兰客运专线王家沟隧道原状黄土各向异性研究 ［J］. 岩土力学，2016，37（8）：2373-2382.

［170］Hu C-m，Yuan Y-l，Mei Y，et al. Comprehensive strength deterioration model of compacted loess exposed to drying-wetting cycles ［J］. BULLETIN OF ENGINEERING GEOLOGY AND THE ENVIRONMENT，2020，79（1）：383-398.

［171］Li X，Lu Y，Zhang X，et al. Quantification of macropores of Malan loess and the hydraulic significance on slope stability by X-ray computed tomography ［J］. ENVIRONMENTAL EARTH SCIENCES，2019，78：522.

［172］郑剑锋，赵淑萍，马巍，等．CT 检测技术在土样初始损伤研究中的应用 ［J］. 兰州大学学报（自然科学版），2009，45（2）：20-25.

［173］江泊洧，项伟，张雪杨．基于 CT 扫描和仿真试验研究黄土坡滑坡原状滑带土力学参数 ［J］. 岩石力学与工程学报，2011，30（5）：1025-1033.

［174］李昊．泾阳滑带土剪切破坏多尺度结构研究 ［D］. 西安：西安科技大学，2019.

［175］倪万魁，杨泓全，王朝阳．路基原状黄土细观结构损伤规律的 CT 检测分析 ［J］. 公路交通科技，2005，（S1）：81-83.

［176］蒲毅彬，陈万业，廖全荣．陇东黄土湿陷过程的 CT 结构变化研究 ［J］. 岩土工程学报，2000，（1）：52-57.

［177］庞旭卿，胡再强，李宏儒，等．黄土剪切损伤演化及其力学特性的 CT-三轴试验研究 ［J］. 水利学报，2016，47（2）：180-188.

［178］李加贵，陈正汉，黄雪峰．原状 Q_3 黄土湿陷特性的 CT-三轴试验 ［J］. 岩石力学与工程学报，2010，29（6）：1288-1296.

［179］方祥位，申春妮，陈正汉，等．原状 Q_2 黄土 CT-三轴浸水试验研究 ［J］. 土木工程学报，2011，44（10）：98-106.

［180］姚志华，陈正汉，李加贵，等．基于 CT 技术的原状黄土细观结构动态演化特征 ［J］. 农业工程学报，2017，33（13）：134-142.

［181］周跃峰，肖志威，赵娜．三轴加载过程中土体剪切带的细观演化规律 ［J］. 长江科学院院报，2019，36（3）：79-83.

［182］Prakash A，Bordoloi S，Hazra B，et al. Probabilistic analysis of soil suction and cracking in fibre-reinforced soil under drying-wetting cycles in India ［J］. ENVIRONMENTAL GEOTECHNICS，

2019，6（4）：188-203.

[183] Wang D X，Wang H W，Larsson S，et al. Effect of basalt fiber inclusion on the mechanical properties and microstructure of cement-solidified kaolinite [J]. CONSTRUCTION AND BUILDING MATERIALS，2020，241：118085.

[184] Roustaei M，Eslami A，Ghazavi M. Effects of freeze-thaw cycles on a fiber reinforced fine grained soil in relation to geotechnical parameters [J]. COLD REGIONS SCIENCE AND TECHNOLOGY，2015，120：127-137.

[185] Xu J，Wu Z P，Chen H，et al. Influence of dry-wet cycles on the strength behavior of basalt-fiber reinforced loess [J]. ENGINEERING GEOLOGY，2022，302：106645.

[186] Wu Z，Xu J，Chen H，et al. Shear Strength and Mesoscopic Characteristics of Basalt Fiber-Reinforced Loess after Dry-Wet Cycles [J]. JOURNAL OF MATERIALS IN CIVIL ENGINEERING，2022，34（6）：04022083.

[187] Dhand V，Mittal G，Rhee K Y，et al. A short review on basalt fiber reinforced polymer composites [J]. COMPOSITES PART B-ENGINEERING，2015，73：166-180.

[188] Czigány T. Trends in fiber reinforcements-the future belongs to basalt fiber [J]. Express Polymer Letters，2007，1（2）：59.

[189] Yan L，Chu F，Tuo W，et al. Review of research on basalt fibers and basalt fiber-reinforced composites in China（I）：Physicochemical and mechanical properties [J]. POLYMERS & POLYMER COMPOSITES，2021，29（9）：1612-1624.

[190] Greco A，Maffezzoli A，Casciaro G，et al. Mechanical properties of basalt fibers and their adhesion to polypropylene matrices [J]. COMPOSITES PART B-ENGINEERING，2014，67：233-238.

[191] Ying S，Zhou X. Chemical and thermal resistance of basalt fiber in inclement environments [J]. JOURNAL OF WUHAN UNIVERSITY OF TECHNOLOGY-MATERIALS SCIENCE EDITION，2013，28（3）：560-565.

[192] Xu J，Li Y，Wang S，et al. Shear strength and mesoscopic character of undisturbed loess with sodium sulfate after dry-wet cycling [J]. BULLETIN OF ENGINEERING GEOLOGY AND THE ENVIRONMENT，2020，79（3）：1523-1541.

[193] Valipour M，Shourijeh P T，Mohammadinia A. Application of recycled tire polymer fibers and glass fibers for clay reinforcement [J]. TRANSPORTATION GEOTECHNICS，2021，27：100474.

[194] Prabakar J，Sridhar R S. Effect of random inclusion of sisal fibre on strength behaviour of soil [J]. Construction and Building Materials，2002，16（2）：123-131.

[195] Xu J，Wu Z，Chen H，et al. Study on Strength Behavior of Basalt Fiber-Reinforced Loess by Digital Image Technology（DIT）and Scanning Electron Microscope（SEM）[J]. ARABIAN JOURNAL FOR SCIENCE AND ENGINEERING，2021，46：11319-11338.

[196] Park S-S. Effect of fiber reinforcement and distribution on unconfined compressive strength of fiber-reinforced cemented sand [J]. Geotextiles and Geomembranes，2009，27（2）：162-166.

[197] Ma Q，Gao C. Effect of Basalt Fiber on the Dynamic Mechanical Properties of Cement-Soil in SHPB Test [J]. JOURNAL OF MATERIALS IN CIVIL ENGINEERING，2018，30（8）：04018185.

[198] Aymerich F，Fenu L，Meloni P. Effect of reinforcing wool fibres on fracture and energy absorption properties of an earthen material [J]. CONSTRUCTION AND BUILDING MATERIALS，2012，27（1）：66-72.

[199] Dhar S，Hussain M. The strength behaviour of lime-stabilised plastic fibre-reinforced clayey soil [J]. ROAD MATERIALS AND PAVEMENT DESIGN，2019，20（8）：1757-1778.

［200］ Ghazavi M，Roustaie M. The influence of freeze-thaw cycles on the unconfined compressive strength of fiber-reinforced clay ［J］. Cold Regions Science and Technology，2010，61 (2)：125-131.

［201］ Yang X，Vanapalli S K. Model for predicting the variation of shear stress in unsaturated soils during strain-softening ［J］. Canadian Geotechnical Journal，2021，58 (10)：1513-1526.

［202］ Desai C S. Unified DSC Constitutive Model for Pavement Materials with Numerical Implementation ［J］. International Journal of Geomechanics，2007，7 (2)：83-101.

［203］ Geiser F，Laloui L，Vulliet L，et al. Disturbed state concept for partially saturated soils ［Z］. 1997，129-134.

［204］ Desai C S，Toth J. Disturbed state constitutive modeling based on stress-strain and nondestructive behavior ［J］. International Journal of Solids and Structures，1996，33 (11)：1619-1650.

［205］ Kar R，Pradhan P. Strength and compressibility characteristics of randomly distributed fiber-reinforced soil ［J］. International Journal of Geotechnical Engineering，2011，5 (2)：235-243.

［206］ Xu J，Wu Z，Chen H，et al. Triaxial Shear Behavior of Basalt Fiber-Reinforced Loess Based on Digital Image Technology ［J］. KSCE JOURNAL OF CIVIL ENGINEERING，2021，25 (10)：3714-3726.

［207］ Wang Y-X，Guo P-P，Ren W-X，et al. Laboratory Investigation on Strength Characteristics of Expansive Soil Treated with Jute Fiber Reinforcement ［J］. INTERNATIONAL JOURNAL OF GEOMECHANICS，2017，17 (11)：04017101.

［208］ Desai C S，Somasundaram S，Frantziskonis G. A hierarchical approach for constitutive modelling of geologic materials ［J］. International Journal for Numerical and Analytical Methods in Geomechanics，1986，10 (3)：225-257.

［209］ Desai C S. Mechanics of materials and interfaces：The disturbed state concept ［M］. Boca Raton：CRC press，2000.

［210］ Duncan James M，Chang C-Y. Nonlinear Analysis of Stress and Strain in Soils ［J］. Journal of the Soil Mechanics and Foundations Division，1970，96 (5)：1629-1653.

［211］ Lewis C D. Industrial and business forecasting methods：A practical guide to exponential smoothing and curve fitting ［M］. Oxford，UK：Butterworth-Heinemann，1982.

［212］ Toth J C. Development of lunar ceramic composites，testing and constitutive modeling，including cemented sand ［D］. Tucson：The University of Arizona，1994.

［213］ Vanapalli S K. The meaning and relevance of residual state to unsaturated soils ［C］. Proceedings of the 51st Canadian Geotechnical Conference，Edmonton，Canada：The Canadian Geotechnical Society，1998.

［214］ Zhao Y，Ling X，Gong W，et al. Mechanical Properties of Fiber-Reinforced Soil under Triaxial Compression and Parameter Determination Based on the Duncan-Chang Model ［J］. APPLIED SCIENCES-BASEL，2020，10 (24)：9043.

［215］ Wen K，Bu C，Liu S，et al. Experimental investigation of flexure resistance performance of bio-beams reinforced with discrete randomly distributed fiber and bamboo ［J］. Construction and Building Materials，2018，176：241-249.

［216］ Willmott C J. ON THE VALIDATION OF MODELS ［J］. Physical Geography，1981，2 (2)：184-194.

［217］ Sivakumar Babu G L，Vasudevan A K. Strength and Stiffness Response of Coir Fiber-Reinforced Tropical Soil ［J］. Journal of Materials in Civil Engineering，2008，20 (9)：571-577.

［218］ 张建华，丁磊. ABAQUS 基础入门与案例精通 ［M］. 北京：电子工业出版社，2012.

[219] 费康. ABAQUS 在岩土工程中的应用 [M]. 北京：中国水利水电出版社，2010.

[220] 赵芝月. 应变软化的 Mohr-Coulomb 模型在土坯砌体中的应用 [D]. 乌鲁木齐：新疆大学，2019.

[221] Yilmaz Y. Experimental investigation of the strength properties of sand-clay mixtures reinforced with randomly distributed discrete polypropylene fibers [J]. Geosynthetics International，2009，16 (5)：354-363.

[222] 李广信. 高等土力学 [M]. 北京：清华大学出版社，2004.

[223] Griffith A A. The theory of rupture [C]. Proceedings of the First International Congress for Applied Mechanics，1924.

[224] Abbo A J，Sloan S W. A smooth hyperbolic approximation to the Mohr-Coulomb yield criterion [J]. Computers & Structures，1995，54 (3)：427-441.

[225] 李荣建，刘军定，郑文，等. 基于结构性黄土抗拉和抗剪特性的双线性强度及其应用 [J]. 岩土工程学报，2013，35 (S2)：247-252.

[226] Li R-j，Liu J-d，Yan R，et al. Characteristics of structural loess strength and preliminary framework for joint strength formula [J]. Water Science and Engineering，2014，7 (3)：319-330.

[227] 王衍汇，倪万魁，袁志辉. 原状黄土的联合强度理论探讨 [J]. 合肥工业大学学报（自然科学版），2015，38 (12)：1688-1692.

[228] 宋焱勋，李荣建，刘军定，等. 结构性黄土的双曲线强度公式及其破坏应力修正 [J]. 岩土力学，2014，35 (6)：1534-1540.

[229] 刘军定，李荣建，孙萍，等. 基于结构性黄土联合强度的邓肯-张非线性本构模型 [J]. 岩土工程学报，2018，40 (S1)：124-128.

[230] Akbari Garakani A，Haeri S M，Desai Chandrakant S，et al. Testing and Constitutive Modeling of Lime-Stabilized Collapsible Loess. II：Modeling and Validations [J]. International Journal of Geomechanics，2019，19 (4)：04019007.

[231] Krajcinovic D，Silva M A G. Statistical aspects of the continuous damage theory [J]. International Journal of Solids and Structures，1982，18 (7)：551-562.

[232] Cao W-G，Zhao H，Li X，et al. Statistical damage model with strain softening and hardening for rocks under the influence of voids and volume changes [J]. Canadian Geotechnical Journal，2010，47 (8)：857-871.

[233] Li X，Cao W-G，Su Y-H. A statistical damage constitutive model for softening behavior of rocks [J]. Engineering Geology，2012，143-144：1-17.

[234] Zhao H，Zhang C，Cao W-g，et al. Statistical meso-damage model for quasi-brittle rocks to account for damage tolerance principle [J]. Environmental Earth Sciences，2016，75：862.

[235] Lai Y，Li S，Qi J，et al. Strength distributions of warm frozen clay and its stochastic damage constitutive model [J]. Cold Regions Science and Technology，2008，53 (2)：200-215.

[236] Lai Y，Li J，Li Q. Study on damage statistical constitutive model and stochastic simulation for warm ice-rich frozen silt [J]. Cold Regions Science and Technology，2012，71：102-110.

[237] Lemaitre J. How to use damage mechanics [J]. Nuclear Engineering and Design，1984，80 (2)：233-245.

[238] Xu J，Wang Z-q，Ren J-w，et al. Mechanism of slope failure in loess terrains during spring thawing [J]. Journal of Mountain Science，2018，15 (4)：845-858.

[239] Liu C，Tang C-S，Shi B，et al. Automatic quantification of crack patterns by image processing [J]. Computers & Geosciences，2013，57：77-80.

[240] Liu C，Shi B，Zhou J，et al. Quantification and characterization of microporosity by image process-

ing，geometric measurement and statistical methods：Application on SEM images of clay materials [J]. Applied Clay Science，2011，54（1）：97-106.

[241] Ye W，Bai Y，Cui C，et al. Deterioration of the Internal Structure of Loess under Dry-Wet Cycles [J]. Advances in Civil Engineering，2020，8881423.

[242] Hamidi A，Hooresfand M. Effect of fiber reinforcement on triaxial shear behavior of cement treated sand [J]. Geotextiles and Geomembranes，2013，36：1-9.

[243] 杨更社，谢定义，张长庆. 岩石损伤 CT 数分布规律的定量分析 [J]. 岩石力学与工程学报，1998，（3）：279-285.

[244] Zhang H，Yuan C，Yang G，et al. A novel constitutive modelling approach measured under simulated freeze-thaw cycles for the rock failure [J]. Engineering with Computers，2021，37（1）：779-792.

[245] Lee W，Bohra N C，Altschaeffl A G，et al. Resilient modulus of cohesive soils and the effect of freeze-thaw [J]. Canadian Geotechnical Journal，1995，32（4）：559-568.